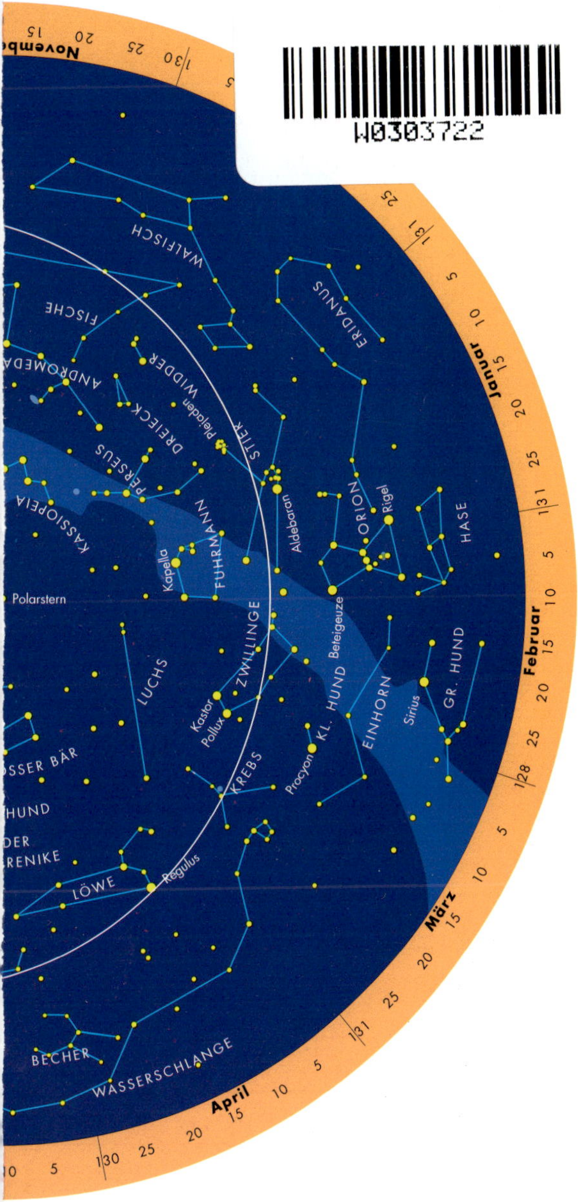
November
Januar
Februar
März
April
WALFISCH
ERIDANUS
FISCHE
ANDROMEDA
WIDDER
DREIECK
Plejaden
STIER
PERSEUS
KASSIOPEIA
FUHRMANN
Kapella
Aldebaran
ORION
Rigel
HASE
Polarstern
ZWILLINGE
Beteigeuze
LUCHS
Kastor
Pollux
KL. HUND
EINHORN
Sirius
GR. HUND
KREBS
Procyon
LÖWE
Regulus
BECHER
WASSERSCHLANGE

Kosmos Basics

Welches Sternbild ist das?

Hermann-Michael Hahn

KOSMOS

Die Sichtbarkeiten der Sternbilder in Mitteleuropa – angegeben sind die Monate, in denen sie um 22 Uhr MEZ über dem Horizont stehen, und die Seiten (86–127), auf denen sie vorgestellt werden.

Adler	Juni–November	86/87
Andromeda	Juli–Februar	86/87
Becher	Februar–Mai	88/89
Delphin	Februar–November	88/89
Drache	ganzjährig	88/89
Dreieck	August–März	90/91
Eidechse	Mai–Januar	90/91
Einhorn	Dezember–April	90/91
Eridanus	Oktober–Januar	92/93
Fische	August–Januar	92/93
Füchschen	Mai–November	94/95
Fuhrmann	September–Mai	94/95
Füllen	Mai–Januar	94/95
Giraffe	ganzjährig	94/95
Großer Bär	ganzjährig	96/97
Großer Hund	Dezember–März	96/97
Haar der Berenike	Januar–August	98/99
Hase	November–März	98/99
Herkules	März–Oktober	98/99
Jagdhunde	Dezember–September	100/101
Jungfrau	März–Juli	100/101
Kassiopeia	ganzjährig	102/103
Kepheus	ganzjährig	102/103
Kleiner Bär	ganzjährig	104/105
Kleiner Hund	November–Mai	104/105
Kleiner Löwe	Dezember–Juli	104/105
Krebs	Dezember–Mai	106/107
Leier	April–Dezember	106/107
Löwe	Januar–Juni	106/107
Luchs	November–Juli	108/109
Nördliche Krone	Februar–Oktober	108/109
Orion	November–März	108/109
Pegasus	Juli–Januar	110/111
Perseus	August–April	110/111
Pfeil	Mai–November	112/113
Rabe	März–Juni	112/113
Rinderhirte	Februar–September	112/113
Schild	Juni–Oktober	112/113
Kopf der Schlange	April–September	114/115
Schwanz der Schlange	Mai–September	114/115
Schlangenträger	Mai–September	114/115
Schütze	Juli–September	116/117
Schwan	Mai–Dezember	116/117
Sextant	Januar–Mai	118/119
Skorpion	Mai–August	118/119
Steinbock	Juli–Oktober	118/119
Stier	September–März	120/121
Südlicher Fisch	September–November	120/121
Waage	April–Juli	120/121
Walfisch	September–Januar	122/123
Wassermann	August–November	122/123
Wasserschlange	März–Mai	124/125
Widder	August–März	126/127
Zwillinge	Oktober–Mai	126/127

Mit 29 Farb- und Schwarzweißfotos (S. 2/3 Gerald Rhemann, alle anderen siehe jeweiliges Foto) sowie 102 farbige Sternkarten von Gerhard Weiland/Kosmos.

Umschlaggestaltung von eStudio Calamar unter Verwendung von einer Illustration der Milchstraße von R. Hurt (NASA/JPL-Caltech) und zweier Aufnahmen auf der Rückseite von Stefan Seip (Sternbild Skorpion, links und den Winterhimmel, rechts).

Das Bild auf Seite 2/3 zeigt das Band der Milchstraße und links den hellen Planeten Jupiter (Aufnahme von Gerald Rhemann).

Zweite Auflage

ISBN-13: 978-3-440-11713-2
Lektorat: Sven Melchert
Produktion: Siegfried Fischer, Johannes Geyer
Grundlayout: Atelier Reichert
Printed in Italy / Imprimé en Italie

INHALT

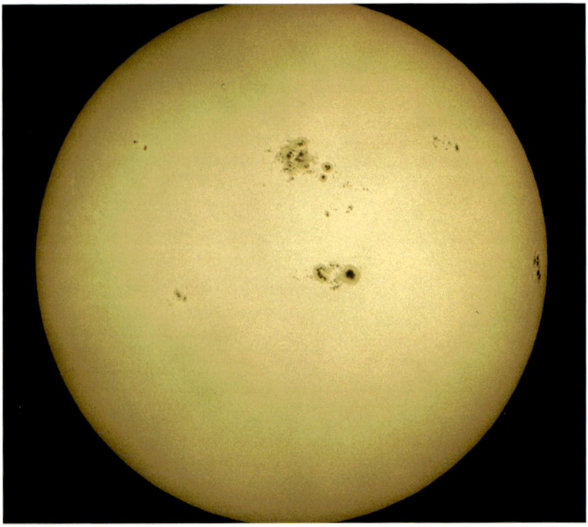

Die dunklen Gebiete auf der Sonne werden „Sonnenflecken" genannt. (Martin Gertz/Sternwarte Welzheim)

Die Sonne ist der Stern „vor unserer Haustür" und zugleich Mittelpunkt des Planetensystems. Es handelt sich dabei um eine riesige Kugel aus heißem Gas, die durch ihre eigene Anziehungskraft zusammengehalten wird. Mit einem Durchmesser von rund 1,4 Millionen Kilometern ist die Sonne mehr als 100mal so groß wie die Erde. An ihrer Oberfläche herrscht eine Temperatur von rund 5500 Grad Celsius, im Zentrum steigt dieser Wert auf etwa 15 Millionen Grad.

Im Inneren der Sonne wird beständig Wasserstoff (das einfachste und häufigste chemische Element im Kosmos) in Helium umgewandelt. Diese Kernfusion setzt eine gewaltige Energiemenge frei, die dann an den umgebenden Weltraum abgestrahlt wird. Nur ein winziger Bruchteil davon trifft über eine Entfernung von 150 Millionen Kilometern auf die Erde, doch selbst dieser Anteil ist immer noch viel größer als der aktuelle Gesamtenergiebedarf der Menschheit. Neben Licht und Wärme sendet die Sonne aber auch Strahlung aus, die dem Leben auf der Erde gefährlich werden kann, zum Beispiel energiereiche UV-Strahlen oder elektrisch geladene Teilchen, den sogenannten Sonnenwind.

Bei einer totalen Sonnenfinsternis bedeckt der Mond die Sonnenscheibe und die zarte Sonnenkorona wird sichtbar. (DLR)

Nach der Erfindung des Fernrohrs zu Beginn des 17. Jahrhunderts bemerkten die Beobachter dunkle Flecken auf der Sonne. Besonders große Fleckengruppen kann man gelegentlich sogar mit bloßem Auge erkennen, wenn man ein geeignetes Filter (spezielle Sonnenfinsternisbrille, Sonnenfilterfolie) benutzt. **Auf keinen Fall darf man ungeschützt in die Sonne blicken, schon gar nicht mit einem Fernglas oder Teleskop!** Sonnenflecken sind sichtbarer Ausdruck der sogenannten Sonnenaktivität, die gelegentlich von gewaltigen Strahlungsausbrüchen an der Sonnenoberfläche begleitet wird. Solche Strahlungsausbrüche können auf der Erde Polarlichter anregen, die mitunter auch über Mitteleuropa zu sehen sind.

Besonders faszinierend ist die Beobachtung einer totalen Sonnenfinsternis, wenn sich der dunkle Mond vor die grelle Sonne schiebt und ihr Licht schließlich vollständig ausblendet: Während der – leider immer nur wenige Minuten dauernden – totalen Verfinsterung kann man dann einen leuchtenden Strahlenkranz (die Korona) um die „schwarze Sonne" erkennen. Wer eine totale Sonnenfinsternis beobachten will, muß reisen: von Deutschland aus wird man dieses Schauspiel erst wieder im Jahr 2081 sehen können.

Die Mondoberfläche ist von dunklen „Mondmeeren" und unzähligen Kratern gezeichnet. (Martin Gertz/Sternwarte Welzheim)

Der Mond ist unser Nachbar im All. Er umrundet die Erde alle 27,3 Tage in einer mittleren Entfernung von rund 384 000 Kilometern und verändert dabei fortwährend sein Erscheinungsbild. Der Mond sendet nämlich kein eigenes Licht aus, sondern wird – wie die Erde und die übrigen Mitglieder des Planetensystems auch – von der Sonne beleuchtet. Und weil wir während eines Mondumlaufs jeden Tag unter einem anderen Blickwinkel auf den Mond schauen, sehen wir einen ständig wechselnden Anteil seiner von der Sonne beschienenen Tagseite: Bei Neumond, wenn der Mond zwischen Sonne und Erde steht, wendet er uns seine dunkle Nachtseite zu, bei Vollmond können wir die ganze Tagseite des Mondes überschauen. Die Zeit zwischen zwei Vollmonden ist länger als ein Mondumlauf: etwa 29,5 Tage.

Schon mit bloßem Auge erkennt man auf der Mondoberfläche helle und dunkle Regionen. Bei den dunkleren Zonen handelt es sich um ausgedehnte, weitgehend ebene mit Lava bedeckte Landschaften, bei den hellen Gebieten dagegen um hügelige oder gebirgige Gegenden, die dazu noch stärker von Einschlagkratern zernarbt sind. Um die Krater zu erkennen, ist allerdings mindestens ein Fernglas erforderlich.

Während der Apollo-17-Mission 1972 benutzten die Astronauten ein „Mondauto" zur Erkundung der Mondoberfläche. (NASA)

Im Rahmen des *Apollo*-Programms landeten zwischen 1969 und 1972 insgesamt zwölf Astronauten auf dem Mond, um dort wissenschaftliche Instrumente aufzustellen und Gesteinsproben einzusammeln; von ihrer Untersuchung erhofften sich die Forscher Rückschlüsse auf die Vergangenheit von Mond und Erde.

Im Zuge dieser Untersuchungen zeigte sich zum Beispiel, daß die Mondoberfläche während der ersten 750 Millionen Jahre nach der Entstehung des Planetensystems einem heftigen Bombardement aus dem Kosmos ausgesetzt war; ähnliche Spuren fand man später auch bei vielen anderen Objekten im Sonnensystem, vom sonnennahen Merkur bis zu den Monden der äußeren Planeten. Da die ältesten Mondgesteine – wie auch die auf der Erde gefundenen Meteoriten – vor rund 4,55 Milliarden Jahren erstarrten, gilt diese Zeitspanne als das gegenwärtige Alter des gesamten Sonnensystems. Darüber hinaus fand man eine erstaunliche Ähnlichkeit in der Zusammensetzung von Mond und dem Gesteinsmantel der Erde.Vieles spricht heute dafür, daß der Mond in einer frühen Phase des Sonnensystems beim Zusammenstoß der Erde mit einem etwa marsgroßen Brocken entstanden ist.

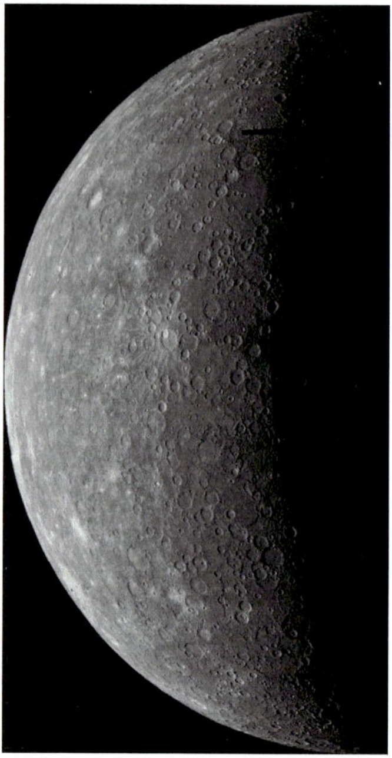

Merkur sieht auf den ersten Blick aus wie unser Mond, seine Oberfläche ist von Kratern übersäht. (NASA/JPL)

Merkur ist als sonnennächster Planet ein schwieriges Beobachtungsobjekt, weil er meist vom Glanz der Sonne überstrahlt wird und nur wenige Male pro Jahr für ein paar Tage oder Wochen am Abend- beziehungsweise Morgenhimmel auftaucht. Selbst bei einer solchen „größten Elongation" steht Merkur weniger als 30 Grad neben der Sonne und kann dann nur tief über dem Horizont am noch aufgehellten Dämmerungshimmel erspäht werden.

Mit einem Durchmesser von rund 4880 Kilometern gehört Merkur zu den kleinen, erdähnlichen Planeten. Aufgrund der geringen Sonnenentfernung und der langsamen Rotation (ein „Merkurtag" dauert 176 irdische Tage) steigt die Temperatur tagsüber auf fast 430 Grad Celsius und sinkt nachts auf unter –180 °C.

Auf den Nahaufnahmen der bislang einzigen Merkursonde *Mariner 10* sieht man viele Einschlagkrater, die dem Planeten ein mondähnliches Aussehen verleihen; große, von Lava bedeckte Ebenen suchten die Wissenschaftler dagegen vergebens. Von der Erde aus sind leider so gut wie keine Einzelheiten der Merkuroberfläche zu erkennen.

Seit dem Sommer 2004 ist eine neue Raumsonde mit Namen *Messenger* unterwegs zum sonnennächsten Planeten. Nach mehreren Vorbeiflügen an Erde und Venus wird diese Sonde den Merkur 2011 erreichen und dann in eine Umlaufbahn einschwenken, um den Planeten über ein Jahr lang zu erkunden.

Auf der Venus gab es einst Vulkane, hier „Maat Mons" nach einer Aufnahme der Raumsonde Magellan. *(NASA/JPL)*

Die Venus ist nach Sonne und Mond das hellste Objekt am irdischen Himmel. Auch sie bewegt sich noch innerhalb der Erdbahn um die Sonne und ist daher immer nur in den Stunden nach Sonnenuntergang oder vor Sonnenaufgang als leuchtender Abend- oder Morgenstern zu finden.

Mit einem Durchmesser von rund 12 100 Kilometern ist die Venus nur wenig kleiner als die Erde. Für ihre große Helligkeit ist eine dichte Wolkenhülle verantwortlich, die rund drei Viertel des auftreffenden Sonnenlichts reflektiert. Dennoch sorgt das in der dichten Venusatmosphäre reichlich vorhandene Kohlendioxid mit seinem Treibhauseffekt dafür, daß die Temperatur an der Venusoberfläche Tag und Nacht ziemlich konstant bei etwa 475 Grad Celsius liegt. Details auf der Venusoberfläche konnten wegen der undurchsichtigen Wolkendecke nur mit Hilfe von Radarsatelliten erfaßt werden: zahlreiche Einschlagkrater, bis zu acht Kilometer hoch aufragende Vulkane und drei Hochland-Regionen ähnlich den irdischen Kontinenten wurden auf diese Weise gefunden. Ob diese Vulkane noch aktiv sind, ließ sich anhand der Radardaten nicht erkennen, wohl aber, dass die Venusoberfläche vor rund 500 Millionen Jahren durch ergiebige Lavaströme neu gestaltet wurde.

Der Mars wird auch der „Rote Planet" genannt, was in dieser Aufnahme des Mars Global Surveyor *deutlich sichtbar wird. (NASA/JPL)*

Mars hat mit seiner auffallend rötlichen Färbung immer wieder die Aufmerksamkeit der Himmelsbeobachter geweckt. Als äußerer Nachbar der Erde kann er sich unserem Planeten bis auf rund 56 Millionen Kilometer nähern und ist dann als strahlend helles Objekt die ganze Nacht über zu beobachten.

Mit einem Durchmesser von etwa 6800 Kilometern ist der Mars deutlich kleiner als die Erde. Zum Glück ist seine Atmosphäre nicht sehr dicht, so daß man mit einem Fernrohr einige Einzelheiten auf seiner Oberfläche erkennen kann. Darüber hinaus haben inzwischen viele Raumsonden detailreiche Nahaufnahmen vom Mars zur Erde gefunkt. Auf ihnen sind neben zahlreichen Einschlagkratern und zum Teil riesigen Vulkankegeln auch tiefe Gräben und flußähnliche Strukturen zu erkennen. Daraus schließen die Forscher, daß es in früheren Zeiten einmal größere Mengen an Wasser auf der Marsoberfläche gegeben haben könnte – in der heutigen dünnen Kohlendioxidatmosphäre

Die Marsoberfläche gleicht einer von Geröll bedeckten Wüstenlandschaft. (NASA/JPL)

kann Wasser in flüssigem Zustand nicht mehr existieren, denn es würde sofort verdampfen.

Reste der einstigen Wasservorräte werden in Form von Eis unter der Marsoberfläche vermutet. Deshalb sollte die europäische Marssonde *Beagle-2* Anfang 2004 nach Eis auf dem Mars bohren, doch dieser Teil der *Mars-Express-Mission* schlug bekanntlich leider fehl. Wesentlich erfolgreicher waren dagegen die beiden Marsrover *Spirit* und *Opportunity*, die bei ihren mineralogischen Gesteinsanalysen verräterische Wasserspuren entdeckten. Auch der *Mars-Express*-Orbiter konnte schließlich Wassereis im Bereich der Polkappen nachweisen.

Mars dreht sich in 24 Stunden und 37 Minuten einmal um seine Achse, so daß ein Tag auf dem Mars nur wenig länger dauert als ein Tag auf der Erde. Da die Drehachse ähnlich schief steht wie die Erdachse, gibt es auf Mars Jahreszeiten wie bei uns, die allerdings wegen der längeren Umlaufzeit um die Sonne (680 Tage) annähernd doppelt so lange dauern wie auf der Erde.

Mars wird von zwei kleinen Monden (Phobos und Deimos) umrundet, die wahrscheinlich eingefangene Kleinplaneten (Asteroiden) sind.

Jupiters Bild wird von farbenprächtigen Wolkenbändern geprägt; rechts unten erkennt man den „Großen Roten Fleck". (NASA/HST)

Jupiter ist der größte und massereichste Planet im Sonnensystem: Alle übrigen Planeten zusammen vereinen nicht so viel Materie in sich wie er. Obwohl er mehr als fünfmal so weit von der Sonne entfernt ist wie die Erde, kann er wegen seiner Größe (Durchmesser rund 143 000 km) noch sehr viel Sonnenlicht reflektieren und erscheint daher meist als zweithellster Planet (nach der Venus); nur in Ausnahmefällen wird er noch vom Mars übertroffen. Für einen Umlauf um die Sonne benötigt Jupiter etwa zwölf Jahre, er verweilt also im Schnitt etwa ein Jahr in jedem Tierkreissternbild.

Wie alle Gasplaneten besitzt Jupiter keine feste Oberfläche, sondern zeigt uns nur eine turbulente Atmosphäre, in der heftige Stürme ausgedehnte Wolkenfelder umhertreiben. Bereits in einem Amateurfernrohr ist das Streifenmuster der hellen und dunklen Wolken in der dichten Jupiteratmosphäre zu erkennen. Da sich der Planet in weniger als zehn Stunden einmal um seine Achse dreht, verändert sich der Anblick im Fernrohr ziemlich rasch. Auch der Große Rote Fleck, ein gewaltiger Wirbelsturm von mehreren zehntausend Kilometern Längsausdehnung, kann im Zuge einer Jupiterrotation verfolgt werden – und natürlich der stetig wechselnde Anblick der vier großen Jupitermonde.

Der Jupitermond Io ist vulkanisch sehr aktiv, seine Oberfläche von Schwefel überzogen. (NASA/JPL)

Diese vier großen Jupitermonde, die 1610 unter anderem von Galileo Galilei entdeckt wurden, standen zwischen 1995 und 2003 im Mittelpunkt der amerikanischen *Galileo*-Mission. Auf Io, dem innersten von ihnen, wurden mehr als 100 Vulkane gefunden und wiederholt langanhaltende Eruptionen beobachtet. Das von ihnen ausgeworfene Material reicht aus, um die gesamte Io-Oberfläche innerhalb weniger Millionen Jahre komplett neu zu gestalten. Unter den in vielfältiger Weise gebrochenen Eisschollen auf Europa vermuten die Forscher einen mehrere Kilometer tiefen Ozean aus Salzwasser, in dem sogar primitive Lebensformen existieren könnten. Ganymed als der größte Mond im Sonnensystem verfügt sogar – wie Kallisto, sein äußerer Nachbarmond – über ein eigenes Magnetfeld, dessen Ausläufer von den Instrumenten der *Galileo*-Sonde aufgespürt wurden. Die Oberflächen der beiden letztgenannten Monde sind von zahlreichen Kratern zernarbt. Daneben kennt man inzwischen etwa 60 kleinere Jupitermonde sowie ein System aus dünnen Staubringen, das den Riesenplaneten umgibt. Dieses Ringsystem war erstmals von den *Voyager*-Sonden beobachtet worden und konnte von *Galileo* im Detail erkundet werden.

Der Ringplanet Saturn in einer Aufnahme des Hubble-Weltraumteleskops. (Erich Karkoschka/HST)

Saturn ist gewissermaßen der kleinere Bruder von Jupiter und zählt wie dieser zu den Gasriesen. Mit einem Durchmesser von etwa 120 000 Kilometern ist er zwar nicht viel kleiner als Jupiter, besitzt aber trotzdem nicht einmal ein Drittel seiner Masse – die Materie in seinem Inneren muss also wesentlich weniger dicht gepreßt sein als beim großen Bruder. Auf einem genügend großen Ozean würde Saturn als einziger Planet schwimmen wie ein Eisberg!

Einzelheiten in der Saturnatmosphäre sind nur selten zu erkennen, da eine hoch liegende Dunstschicht den Blick auf tiefergelegene Wolkenstreifen und -wirbel trübt. Entsprechend eintönig würde der Planet im Amateurfernrohr erscheinen, wenn er nicht – wie zum Ausgleich – der „Herr der Ringe" unter den Planeten wäre. Allerdings braucht man ein Fernrohr mit mindestens 30facher Vergrößerung, um den Saturnring, der aus mehreren Teilen besteht, deutlich erkennen zu können. Ihr Anblick verändert sich im Laufe eines Saturnjahres (etwa 30 Erdenjahre) von einer weiten Öffnung nach Süden über die Kantenstellung zu einer weiten Öffnung nach Norden und zurück. Darüber hinaus erkennt man in der Umgebung des Planeten bis zu fünf seiner größeren Monde.

Seit Juli 2004 umkreist die Raumsonde Cassini *den Ringplaneten und untersucht dabei auch die Saturnringe. (NASA/JPL)*

Die Erforschung der Ringe und Monde steht im Mittelpunkt des amerikanisch-europäischen Raumsonden-Duos *Cassini/Huygens,* das nach siebenjähriger Reise am 1. Juli 2004 in eine Umlaufbahn um den Planeten eingeschwenkt ist. Ähnlich wie zuvor schon die *Galileo*-Sonde bei Jupiter wird *Cassini* über einen Zeitraum von mehreren Jahren bei zahlreichen Vorbeiflügen die größeren der über 30 bekannten Saturnmonde aus der Nähe erkunden und Detailaufnahmen des stark zergliederten Ringsystems sowie der turbulenten Saturnatmosphäre zur Erde übermitteln.

Besondere Aufmerksamkeit wird dabei dem größten Saturnmond Titan zuteil, der mit einem Durchmesser von 5150 km noch größer als Merkur ist und sogar über eine eigene, dichte Atmosphäre aus Stickstoff und Methan verfügt. Zu seiner Erforschung während eines etwa dreistündigen Abstiegs durch die Atmosphäre im Januar 2005 hat *Cassini* die europäische Tochtersonde *Huygens* mitgebracht. Die übrigen Saturnmonde sind allesamt kleiner als 1600 km und bestehen zu jeweils einem großen Teil aus Eis. Von der Gesamtmission erhoffen sich die Wissenschaftler interessante Hinweise auf Entstehung und Geschichte des Planeten, seiner Monde und des auffälligen Ringsystems.

Die grüne „Oberfläche" von Uranus, dem siebten Planet des Sonnensystems, wird durch Methan in dessen Atmosphäre verursacht. (NASA/JPL)

Die Planeten Uranus, Neptun und Pluto wurden erst nach der Erfindung des Fernrohrs entdeckt. Wegen ihrer großen Entfernung reflektieren sie so wenig Sonnenlicht, daß sie für eine Beobachtung mit bloßem Auge kaum hell genug sind. Uranus ist etwa doppelt so weit von der Sonne entfernt wie Saturn, Neptun mehr als dreimal so weit, und Pluto kann auf seiner ziemlich elliptischen Bahn sogar gut fünfmal so weit von der Sonne abrücken wie Saturn. Uranus und Neptun erreichen mit jeweils rund 50 000 Kilometern nur gut zwei Fünftel des Saturndurchmessers, während Pluto mit etwa 2300 Kilometern das bei weitem kleinste Mitglied der Planetenfamilie ist.

Aufgrund ihrer großen Sonnenabstände brauchen sie auch viel länger für einen Umlauf um die Sonne: Uranus schafft die Runde in 84 Jahren, Neptun benötigt 165 Jahre und Pluto sogar fast 248 Jahre. Im Fernrohr erscheinen Uranus und Neptun als winzige, grünlichblaue Scheibchen, während der kleine Pluto selbst bei stärkerer Vergrößerung nur als lichtschwacher Lichtpunkt gesehen werden kann. Seine Bahn ist außerdem mit rund 17 Grad auffallend stark gegen die Bahnebene der Erde (die Ekliptik) geneigt.

Ihre Reise durch das Sonnensystem krönte Voyager 2 *im August 1989 mit dem Besuch des Planeten Neptun. (NASA/JPL)*

Uranus und Neptun wurden 1986 beziehungsweise 1989 von der amerikanischen Raumsonde *Voyager 2* besucht und – ebenso wie ihre Monde und Ringe – erstmals aus der Nähe erkundet. Dabei mußten die Forscher überrascht feststellen, daß die Atmosphäre von Neptun trotz des größeren Sonnenabstands wesentlich mehr turbulente Strömungen und daraus resultierende Wolkenformationen aufwies als die von Uranus. Offenbar ist Uranus in seinem Inneren schon stärker abgekühlt als Neptun oder auch die übrigen Gasriesen Jupiter und Saturn. Möglicherweise steht diese stärkere Abkühlung mit einem vermuteten Kollisionsereignis in Zusammenhang, das von manchen Planetenforschern zur Erklärung der beachtlichen Schieflage der Uranus-Drehachse ins Feld geführt wird.

Pluto ist als einziger Planet noch nicht von einer Raumsonde erforscht worden, so daß wir über diesen Planeten außer seiner Masse und Größe wenig wissen. Er wird von einem mehr als halb so großen Mond umrundet und bildet mit ihm eine Art Doppelplanet. Frühestens 2016 könnte Pluto von einer Raumsonde erreicht werden, falls deren Start bis 2006 gelingt.

Der Komet Halley ist der bekannteste Vertreter seiner Art und wurde bei seinem letzten Erscheinen im Jahre 1986 von der Europäischen Südsternwarte in Chile aufgenommen. (ESO)

Kometen und Asteroiden sind Überreste aus der Frühphase des Sonnensystems, gleichsam Zeugen aus der „Gründerzeit" und übrig gebliebene Bausteine der Planeten. Ihr unterschiedliches Aussehen verdanken sie ihrem jeweiligen Entstehungsort und der verschiedenartigen Zusammensetzung: Asteroiden entstanden näher bei der Sonne, Kometen jenseits der Bahnen von Jupiter und Saturn.

Kometen fallen durch ihr nebelhaftes Erscheinungsbild und die markanten Schweifstrukturen auf. In früheren Jahrhunderten löste ihr Aussehen ebenso wie ihr scheinbar unberechenbares Auftauchen Angst und Schrecken aus. Erst im 18. Jahrhundert wurde deutlich, daß sich auch Kometen auf Ellipsenbahnen um die Sonne bewegen und daher regelmäßig wiederkehren – mitunter allerdings erst nach Hunderten oder Tausenden von Jahren.

Die eigentlichen Kometenkerne bestehen aus Staub und gefrorenen Gasen (Eis) und sind meist nur wenige Kilometer groß. Wenn sie in Sonnennähe kommen, verdampft das Eis und reißt Staubteilchen mit, wobei beide Bestandteile zu zwei getrennten, mitunter sehr langen Schweifen geformt werden.

Kleinplaneten (hier der 33 km lange Eros in einer Aufnahme der Sonde NEAR-Shoemaker*) haben sehr unterschiedliche Formen, ihre Oberflächen sind von Kratern gekennzeichnet.*

Die ersten Asteroiden (Kleinplaneten) wurden zu Beginn des 18. Jahrhunderts im sogenannten Asteroidengürtel zwischen der Mars- und Jupiterbahn gefunden, doch inzwischen kennt man solche mehr oder minder großen Gesteinsbrocken nahezu überall im Sonnensystem. Etliche kreuzen die Erdbahn, manche kommen der Sonne noch näher als der Planet Merkur, andere pendeln zwischen den Bahnen von Jupiter und Neptun hin und her, und wieder andere umrunden die Sonne noch außerhalb der Neptunbahn – sie werden folgerichtig als Trans-Neptun-Objekte (TNOs) bezeichnet. Von den „klassischen" Asteroiden ist die zuerst entdeckte Ceres das größte Objekt (Durchmesser etwa 930 Kilometer), bei den TNOs hat man noch größere Brocken gefunden, so zum Beispiel Quaoar (1250 Kilometer geschätzt) oder Sedna (1600 Kilometer geschätzt). Allerdings gehen diese Werte von einer sehr dunklen Oberfläche aus und müssen möglicherweise noch stark nach unten korrigiert werden. Etliche Kleinplaneten werden von einem Mond begleitet. Die amerikanische Raumsonde NEAR ist 2001 auf dem Kleinplaneten Eros gelandet, nachdem sie ihn zuvor ein Jahr lang aus der Umlaufbahn erkundet hatte.

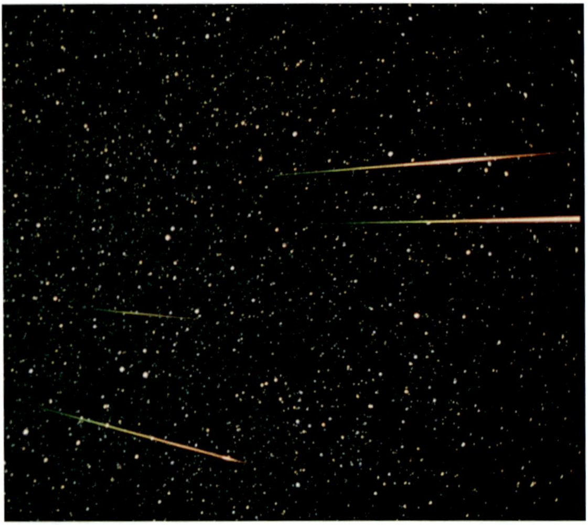

In manchen Nächten des Jahres – wie hier im November bei den „Leoniden“ – sind besonders viele Sternschnuppen am Himmel zu sehen. (Martin Gertz/Sternwarte Welzheim)

Meteore und Meteoriten sind Zerfallsprodukte von Kometen beziehungsweise Trümmer von Asteroiden. Meteore (Sternschnuppen) können in jeder sternklaren Nacht beobachtet werden – sie blitzen plötzlich auf und ziehen dabei eine mehr oder minder lange Bahn über den Himmel. Ursache für diese Leuchterscheinung ist ein winziges, kaum stecknadelkopfgroßes Staubkorn, das mit hoher Geschwindigkeit (15 bis 70 Kilometer pro Sekunde!) von außen auf die Erdatmosphäre prallt, dadurch plötzlich abgebremst wird und durch die Reibungshitze verglüht. Leuchten sieht man allerdings nur den durchflogenen Luftkanal, nicht das Staubkorn selbst.

Mitunter – zum Beispiel um den 12. August oder Mitte November – kreuzt die Erde die Bahn eines Kometen und durchquert dann eine regelrechte Staubwolke aus Auflösungsprodukten. Dann können Dutzende, in Ausnahmefällen auch viele hundert Meteore pro Stunde aufleuchten, die nach dem Sternbild benannt werden, aus dem sie zu fallen scheinen. Die Sternschnuppen im August sind als Perseiden (nach dem Sternbild Perseus) bekannt, die Leoniden im November entspringen scheinbar dem Sternbild Löwe.

Meteoriten sind die Reste von extrem hellen Sternschnuppen, wie der 1,75 kg schwere Brocken „Neuschwanstein" eindrucksvoll unter Beweis stellt. (DLR)

Größere Brocken können die Atmosphäre auch weitgehend unbeschadet durchschlagen und stürzen dann als Meteorite auf die Erde. Solche – je nach ihrer Zusammensetzung als Stein- oder Eisenmeteorit bezeichneten – kosmischen „Bomben" werden nach ihrem Fundort benannt. Hat man ihre grelle Leuchtspur beim Sturz durch die Atmosphäre verfolgt, kann man sogar die Herkunft ermitteln. So stammt zum Beispiel der im Jahr 2002 über dem Allgäu niedergegangene Steinmeteorit „Neuschwanstein" aus dem Asteroidengürtel.

Vor rund 15 Millionen Jahren schlugen zwei größere Brocken von etwa 200 Meter beziehungsweise gut einem Kilometer Durchmesser im Bereich der Schwäbischen Alb auf die Erde und hinterließen das 3,8 Kilometer große Steinheimer Becken und das etwa 24 Kilometer große Nördlinger Ries. Einschläge von Objekten größer als 10 Kilometer dürften schon Krater von mehreren 100 Kilometern Durchmesser hinterlassen und globale Auswirkungen haben; sie werden für gelegentliche Massensterben in der Erdgeschichte verantwortlich gemacht. Sie kommen zum Glück nicht allzu oft vor.

Die Sterne des Großen Wagens sind in Wirklichkeit sehr unterschiedlich weit von uns entfernt. (Martin Gertz/Sternwarte Welzheim)

Die Sterne sind – wie die Sonne – leuchtende Gaskugeln, die ihre Energie aus der Umwandlung von Wasserstoff in Helium beziehen. Wegen ihrer im Vergleich zur Sonne riesigen Entfernung erscheinen sie allerdings selbst in großen Teleskopen nur als bloße Lichtpunkte.

Sterne entstehen aus kalten Gas- und Staubwolken, die sich aufgrund äußerer Einwirkungen verdichten; dieser Prozess dauert je nach Sternmasse einige Hunderttausend bis Millionen Jahre. Die masseärmsten bekannten Sterne vereinen etwa acht bis zehn Prozent der Sonnenmasse in sich, die massereichsten mehr als hundert Sonnenmassen. Auch die Lebenserwartung und das Ende eines Sterns werden von seiner Masse bestimmt: Massereiche Sterne „altern“ innerhalb weniger Millionen Jahre, massearme Sterne bringen es dagegen auf etliche zehn bis hundert Milliarden Jahre. Massereiche Sterne treten als sogenannte Supernova mit einem gewaltigen Energieblitz von der kosmischen Bühne ab und lassen bizarre Neutronensterne oder Schwarze Löcher zurück, massearme Sterne schrumpfen dagegen am Ende zu weißen Zwergsternen.

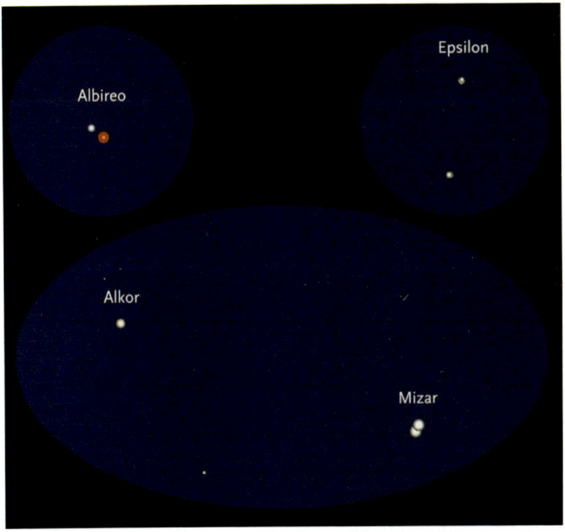

Drei bekannte Doppelsterne: Links oben Albireo im Schwan, rechts oben der Vierfachstern Epsilon in der Leier und unten der optische Doppelstern Mizar und Alkor im Großen Wagen.

Doppelsterne sind zumeist eng benachbart erscheinende Sternpaare, die entweder nur in der gleichen Blickrichtung stehen, aber unterschiedlich weit von uns entfernt sind (optische Doppelsterne), oder die auch räumlich zusammen gehören und sich gegenseitig umlaufen (physische Doppelsterne). Ihr Abstand voneinander wird in Bogensekunden angegeben: 1 Bogensekunde = 1/3600 Grad (der Mond erscheint am Himmel als Objekt mit einem Winkeldurchmesser von etwa 1800 Bogensekunden oder 0,5 Grad). Mit bloßem Auge kann man Doppelsterne „trennen", deren Partner mehr als 120 Bogensekunden entfernt sind; wenn die beiden Sterne sehr verschieden hell sind, muß der gegenseitige Abstand größer sein.

Bei manchen (physischen) Doppelsternen blicken wir genau auf die Kante der gegenseitigen Umlaufbahnen, und dann kommt es zu wechselseitigen Sternverfinsterungen, die sich als regelmäßig auftretende Helligkeitsänderungen bemerkbar machen; andere („spektroskopische") Doppelsterne stehen so eng beisammen, daß sie nicht einmal in einem großen Fernrohr getrennt erscheinen.

Der bekannteste offene Sternhaufen sind die 440 Lichtjahre entfernten Plejaden, auch „Siebengestirn" genannt. (NASA)

Offene Sternhaufen sind mehr oder minder dichte Gruppierungen von bis zu einigen hundert Sternen, die räumlich zwar zusammengehören, untereinander aber weniger stark verbunden sind als Doppel- oder Mehrfachsterne. Die Mitglieder eines Sternhaufens sind in der Regel etwa zeitgleich entstanden. Mit bloßem Auge sind nur wenige Sternhaufen deutlich zu erkennen (zum Beispiel die Plejaden – das Siebengestirn – und die Hyaden – das Regengestirn – im Sternbild Stier), andere erscheinen als verschwommene, nebelhafte Sterne (h und chi im Perseus, M 44 im Krebs). Im Fernglas sieht man zumeist nur einige Einzelsterne vor einem verwaschen erscheinenden Nebelhintergrund, während ein Fernrohr etliche Sternhaufen in Einzelsterne auflöst.

Offene Sternhaufen lösen sich im Laufe der Zeit allmählich auf, da die gemeinsam entstandenen Sterne innerhalb mehrerer Hundertmillionen oder Milliarden Jahre langsam auseinandertreiben. Da diese Sternhaufen entsprechend „jung" sind, findet man sie vorwiegend im Bereich des Milchstraßenbandes oder in dessen Nähe.

Kugelsternhaufen wie das 28 000 Lichtjahre entfernte Objekt M 80 umrunden in weiten Bahnen unsere Galaxis. (NASA)

Kugelförmige Sternhaufen sind wesentlich kompaktere Ansammlungen von vielen zehntausend bis zu einigen hunderttausend Sternen. Im Fernglas sind sie lediglich als verwaschene Nebelflecken zu erkennen, während ein Fernrohr bei starker Vergrößerung zumindest in den Randpartien einzelne Sterne vor nebligem Hintergrund zeigt. Trotzdem täuscht der Eindruck, den Fotos von der Sterndichte innerhalb der kugelförmigen Sternhaufen vermitteln – selbst im Zentrum stehen die Sterne allenfalls einige Dutzendmal näher zusammen als in der Umgebung der Sonne, sind also immer noch weit voneinander entfernt.

Die kugelförmigen Sternhaufen zeigen eine ganz andere räumliche Verteilung innerhalb der Milchstraße als die offenen Sternhaufen: Sie bewegen sich wie ein Mückenschwarm um das Zentrum der Galaxis und konzentrieren sich nicht bloß auf die galaktische Ebene. Dies deutet – wie das hohe Alter der enthaltenen Sterne – darauf hin, daß sich die kugelförmigen Sternhaufen in einem frühen Stadium der Entstehung unserer Milchstraße gebildet haben.

Im Inneren des Orion-Nebels finden sich viele junge Sterne, die das sie umgebende Gas zum Leuchten anregen. (NASA/HST)

Die Gas- und Staubnebel enthalten interstellare Materie und bilden damit das Reservoir, aus dem auch heute noch – mehr als 13 Milliarden Jahre nach der mutmaßlichen Entstehung des Universums im Urknall – neue Sterne entstehen. Auffälliger – und in Einzelfällen auch schon mit bloßem Auge zu erkennen – sind die leuchtenden Gasnebel: Hier wird das interstellare Gas von benachbarten heißen Sternen zu einem Eigenleuchten angeregt. Bekanntestes Beispiel ist der Orion-Nebel im gleichnamigen Sternbild, der von einem dunklen Standort aus sogar ohne Fernglas oder Teleskop zu sehen ist. Daneben gibt es auch Gas- und Staubwolken, die das auftreffende Licht benachbarter Sterne lediglich reflektieren und dann auch deren Farbe widerspiegeln – wie etwa im Falle des blau leuchtenden Plejaden-Nebels, der auf langbelichteten Aufnahmen des Siebengestirns hervortritt.

Wenn keine hellen oder heißen Sterne in der Nähe stehen, bleiben die Gas- und Staubwolken kalt und verschlucken das Licht dahinterliegender Regionen, so daß sie sich als Dunkelwolken vor einem hellen Hintergrund abzeichnen – wie zum Beispiel der berühmte Pferdekopf-Nebel im Sternbild Orion unweit des linken Gürtelsterns.

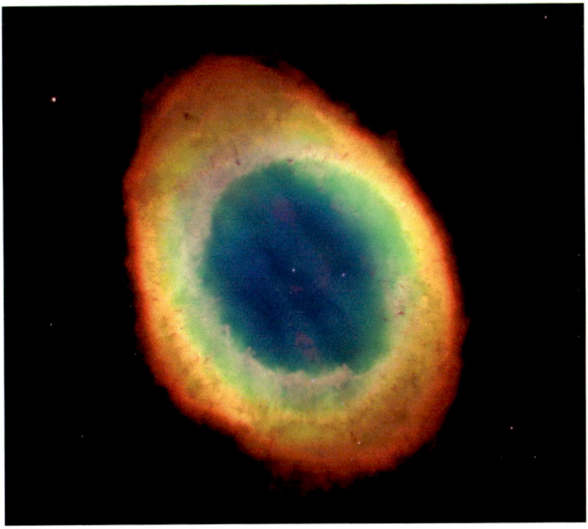

Der Ring-Nebel im Sternbild Leier ist ein bekanntes Beispiel für die Klasse der „planetarischen Nebel". (NASA/HST)

Neben diesen *inter*stellaren Gas- und Staubwolken gibt es aber auch noch *zirkum*stellare Nebel, die vorzugsweise alte Sterne oder solche Gebilde einhüllen, die bereits eines der verschiedenen Endstadien der Sternentwicklung erreicht haben. Sie werden – historisch bedingt – mit dem irreführenden Begriff „planetarischer Nebel" bezeichnet, weil sie in den bescheidenen Teleskopen des 18. und frühen 19. Jahrhunderts eine gewisse Ähnlichkeit zu den damals neu entdeckten Planeten Uranus und Neptun zeigten.

Viele dieser planetarischen Nebel besitzen die Form einer Sanduhr, die – je nach Ausrichtung und Blickwinkel – dem irdischen Betrachter eine große Formenvielfalt vortäuscht; andere hüllen ihren Sternrest blasenförmig ein (und erscheinen dann als Ringnebel) oder auch unregelmäßig wie etwa im Falle des bekannten Crab-Nebels im Sternbild Stier, der auf eine Sternexplosion (Supernova) aus dem Juli des Jahres 1054 zurückgeht. Die solchermaßen weggeschleuderte Sternmaterie vermischt sich im Laufe der Zeit gleichsam als „stellares Erbe" mit vorhandenen interstellaren Gaswolken und wird dann in neue Sterne eingebaut. Entsprechend enthalten auch wir Menschen ursprüngliche Sternmaterie.

Die Sommermilchstraße zieht sich durch das Sternbild Schwan; hier sind auch viele rote Gasnebel wie der Nordamerika-Nebel (links am Rand) zu sehen. (Martin Gertz/Sternwarte Welzheim)

Die Milchstraße nennen wir das schimmernde Band, das sich für Betrachter an einem dunklen Standort über den Himmel spannt. Sie ist der sichtbare Ausschnitt eines gigantischen Sternsystems (der Galaxis), das neben unserer Sonne und den mit bloßem Auge erkennbaren „Nachbarsternen“ insgesamt mehr als 100 Milliarden Sterne umfaßt. Da wir mit der Sonne Teil dieser Galaxis sind, ist eine genaue Bestimmung von Größe und Form des Systems und unserer Position innerhalb dieses Sternansammlung nicht einfach.

Die Astronomen gehen davon aus, daß unsere Galaxis von außen betrachtet wie eine flache Scheibe mit einer zentralen Verdickung erscheint und einen Durchmesser von etwa 100 000 Lichtjahren aufweist. Innerhalb dieser galaktischen Scheibe vermuten sie eine typische Spiralstruktur, die sich vor allem durch eine entlang der Spiralarme deutlich höhere Konzentration von Sternentstehungsregionen und heißen, jungen Sternen zu erkennen gibt. Unsere Sonne befindet sich etwa 25 000 Lichtjahre vom galaktischen Zentrum entfernt nahe der Innenseite eines Spiralarmes.

Die Andromeda-Galaxie mit der katalogbezeichnung M 31 ist unsere nächste große Nachbargalaxie und gleicht in Aufbau und Form der Milchstraße. (NOAO)

Galaxien (Einzahl: Galaxie) sind, wie etwa um 1925 deutlich wurde, eigenständige Sternsysteme („Welteninseln") jenseits unserer Galaxis. Mit bloßem Auge ist auf der Nordhalbkugel der Erde lediglich der Andromeda-Nebel als nächste große Nachbargalaxie in rund 2,9 Millionen Lichtjahren Entfernung zu erkennen, auf der Südhalbkugel der Erde findet man die beiden Magellanschen Wolken als kleinere Satelliten-Galaxien in etwa 170 000 beziehungsweise 200 000 Lichtjahren Distanz. Mit einem Fernglas kann man einige weitere Objekte als Nebelflecken sehen, aber auch größere Amateurfernrohre können bei Galaxien keine Einzelsterne zeigen.

Die auf lang belichteten Himmelsaufnahmen erkennbare Formenvielfalt der Galaxien reicht von völlig strukturlosen elliptischen Galaxien über Spiralgalaxien und sogenannte Balkenspiralen bis zu unregelmäßig geformten Systemen. Galaxien stehen oft in kleineren Gruppen zusammen oder bilden große Galaxienhaufen, die viele tausend Mitglieder umfassen können. Unsere Milchstraße bildet mit der Andromeda-Galaxie und etwa 30 anderen, meist kleineren Galaxien die „Lokale Gruppe".

Galaxien so weit das Auge reicht – für den tiefsten Blick bis zum Rand des Universums hat das Hubble-Weltraumteleskop elf Tage lang Licht gesammelt. (NASA/HST)

Das Universum oder Weltall umfaßt alle sichtbaren und unsichtbaren Objekte, die zu unserem Kosmos (griechisch: Ordnung – als Gegensatz zum Chaos, der ungeordneten Leere) gehören. Nach den derzeit weitgehend akzeptierten Vorstellungen der Kosmologen entstand das Universum in seiner heutigen Form vor rund 14 Milliarden Jahren aus dem Urknall und dehnt sich seither unaufhaltsam aus. Neuere Messungen deuten darauf hin, daß diese Expansion des Raumes, die bei fernen Objekten zu einer meßbaren Veränderung der Lichtwellenlängen („Rotverschiebung") führt, trotz der wirksamen Eigengravitation des Universums sogar immer schneller wird.

Ein solchermaßen „beschleunigtes Universum" ist nur denkbar, wenn ein – vorerst als Dunkle Energie bezeichneter – erheblicher Anteil der kosmischen Gesamtenergie das Universum wie eine innere Feder nach außen treibt. Moderne Schätzungen gehen davon aus, daß bis zu 75 Prozent der Gesamtenergie in dieser rätselhaften Form vorliegen –

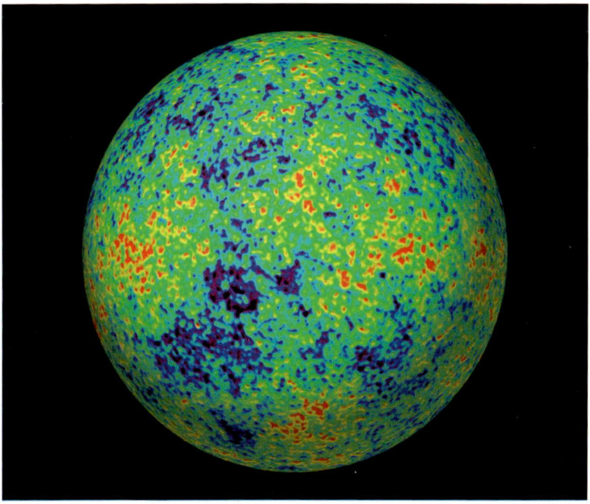

Winzige Fluktuationen im zarten Hintergrundrauschen des Weltalls sind Beweis für die Entstehung von Galaxien vor 13 Milliarden Jahren. (WMAP)

danach würde die gesamte sichtbare Materie des Kosmos nur wenige Prozent der Gesamtbilanz stellen.

Entscheidende Hinweise auf die Existenz dieser Dunklen Energie lieferte die Untersuchung der sogenannten kosmischen Hintergrundstrahlung. Sie wurde Mitte der 1960er Jahre entdeckt und als eine Art Nachglühen des Kosmos interpretiert, als ein Überrest der ultraheißen Anfangszeit unmittelbar nach dem Urknall. Durch die fortwährende Expansion hat sich der Kosmos mittlerweile auf eine allgemeine Temperatur von etwa 2,7 Grad über dem absoluten Nullpunkt bei –273,15 Grad Celsius, also auf –270,45 Grad Celsius oder 2,7 Kelvin abgekühlt. Die in den Messungen erkennbaren geringfügigen Intensitätsschwankungen der kosmischen Hintergrundstrahlung (auf dem Bild als Farbunterschiede dargestellt) bildeten anfangs die „Keime“ für die Entstehung großer Strukturen wie Galaxienhaufen und Galaxien.

Wenn die gegenwärtigen Vorstellungen der Kosmologen nicht völlig falsch sind, wird sich die Expansion des Universums bis in alle Ewigkeiten fortsetzen und zu einem Zustand führen, der durch eine öde, weitgehend leere Dunkelheit geprägt ist.

Die Orientierung am nächtlichen Sternhimmel, das Auffinden und Erkennen einzelner Sternbilder, erweist sich vor allem für Gelegenheitsbeobachter mitunter als schwierig, zumal sich der Anblick des Himmels ja im Laufe einer Nacht und im Wechsel der Jahreszeiten stetig verändert. Doch die Mühe lohnt sich, denn wer sich am Himmel auskennt, kann nicht nur die einzelnen Sternbilder auseinanderhalten, sondern auch Ungewohntes sofort erkennen: Einen Planeten, der langsam durch die Ekliptiksternbilder wandert, einen Satelliten, der rasch vorüberzieht, oder auch andere Himmelserscheinungen wie etwa Sternschnuppen, ein Polarlicht oder gar eine Mondfinsternis.

Der große Wagen ist ein guter Wegweiser, um den Polarstern aufzufinden und die Nordrichtung zu bestimmen.

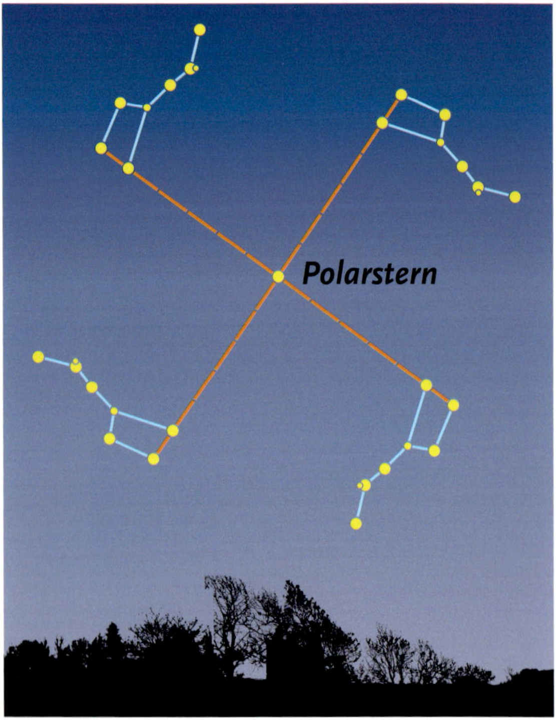

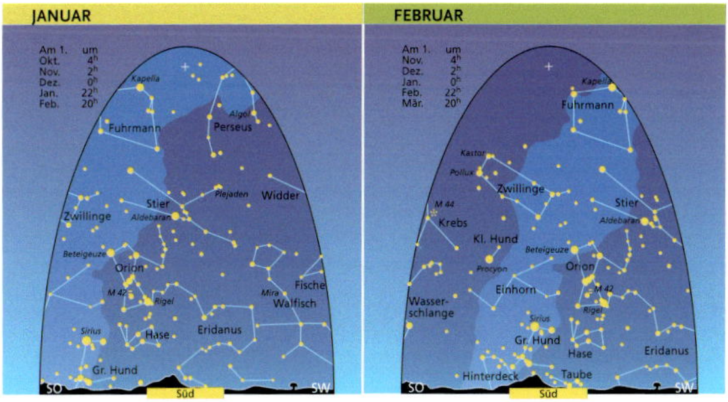

Jeden Monat bewegt sich der Sternenhimmel – zur gleichen Uhrzeit beobachtet – scheinbar zwei Stunden „vorwärts“.

Es gibt verschiedene Methoden und Wege, sich die Orientierung am nächtlichen Himmel zu erleichtern. Ein nützlicher Begleiter ist sicher eine drehbare Sternkarte, mit deren Hilfe Sie den Anblick des jeweils sichtbaren Himmelsausschnittes für jede Uhrzeit und jedes Datum einstellen können. Handlicher, und dennoch nicht minder übersichtlich, ist die Darstellungsweise, die in diesem Buch zum Einsatz kommt: Für jeden Monat finden Sie vier Kartenausschnitte, die den Anblick des Himmels in den vier Haupthimmelsrichtungen (Nord, Ost, Süd, West) wiedergeben, und zwar zum Monatsersten jeweils für 22 Uhr Mitteleuropäischer Zeit beziehungsweise zur Monatsmitte um 21 Uhr MEZ. Dabei gilt diese Zeitangabe genau für einen Ort auf 10 Grad östlicher Länge (etwa auf der Linie Hamburg–Ulm) – für jeden Längengrad weiter östlich müssen Sie vier Minuten hinzuzählen, weiter westlich entsprechend abziehen; zur groben Orientierung reicht es aber völlig, die genannte Zeit einzuhalten.

Da die Sterne – bedingt durch die Wanderung der Erde um die Sonne – jeden Tag etwa vier Minuten früher auf- und untergehen, verschiebt sich die „Gültigkeit“ der gezeigten Himmelsausschnitte innerhalb von 15 Tagen um eine Stunde nach „vorn“, innerhalb eines Monats entsprechend um zwei Stunden. Deshalb finden Sie oben neben den Karten Angaben zur Gültigkeit der Karte in anderen Monaten – der Übersichtlichkeit wegen auf den linken Seiten (den Nord- beziehungsweise Südhimmel-Ausschnitten) jeweils für den Monatsersten, auf den rechten Seiten (den Ost- beziehungsweise Westhimmel-Ausschnitten) jeweils für die Monatsmitte; diese Angaben gelten für alle vier Karten

gleichermaßen. Auf den letzten Seiten des Buches finden Sie zusätzlich eine Tabelle, die Ihnen für jede volle Stunde einer Nacht die passenden Monatsausschnitte angibt; dort ist auch die Korrektur für die Sommerzeit berücksichtigt.
Die Kartenausschnitte des ersten Teils sind so gewählt, daß sie jeweils etwas mehr als ein Viertel des sichtbaren Himmels zeigen: sie überlappen sich an den Rändern und im Bereich des Zenits, der sich genau über dem Betrachter befindet. Der Zenitpunkt ist in den Sternkarten durch ein kleines weißes Kreuz markiert. Leider ist eine solche Darstellung („Projektion") der gewölbten Himmelssphäre auf flachem Papier nicht ohne eine gewisse Verzerrung möglich, die vor allem in den überlappenden Randbereichen deutlich wird. Das gilt auch für den zenitnahen Bereich, in dem die Sternbilder größer erscheinen als näher zum Horizont. Deshalb steht zum Beispiel der Polarstern auf den Nordkarten auf den ersten Blick ungewöhnlich niedrig. Umgekehrt kann man sagen, daß diese unvermeidliche Verzerrung des Kartenbildes gleichsam die Anstrengung „berücksichtigt", die mit einer Beobachtung eines zenitnahen Objektes verbunden ist: Je höher ein Sternbild am Himmel steht, desto weiter müssen Sie den Kopf in den Nacken legen, um es „frontal" zu sehen.
Im zweiten Teil des Buches werden die von Mitteleuropa aus sichtbaren Sternbilder in alphabetischer Reihenfolge der deutschen Namen einzeln mit Text und Sternkarte vorgestellt; dabei sind die Karten der einzelnen Sternbilder im gleichen Maßstab gezeichnet. Für jedes Sternbild finden Sie Angaben zur Sichtbarkeit, zu den Nachbarsternbildern und zur Größe; außerdem sind jeweils der hellste Stern, ein bekannter Doppelstern oder Veränderlicher und der hellste „Nebel" (Sternhaufen, Gasnebel oder Galaxie) mit wissenswerten Daten aufgelistet.
Die Karten enthalten alle Sterne bis zur 4,7ten Größenklasse, teilweise auch schwächer. Das System der Größenklassen wird zur Bezeichnung unterschiedlicher Sternhelligkeiten benutzt: Ein Stern 1. Größe (= 1^m) gehört zu den hellsten Sternen, ein Stern 6. Größe kann in einer mondscheinlosen Nacht fernab störender Großstadtlichter gerade noch mit bloßem Auge erkannt werden.

Außerdem finden Sie auf den Karten alle „Nebel" bis zur 7,5ten Größenklasse, die Sie mit einem lichtstarken Fernglas mühelos finden können sollten. Dabei bedeuten:

- offene Sternhaufen
- kugelförmige Sternhaufen
- Gasnebel
- Galaxien

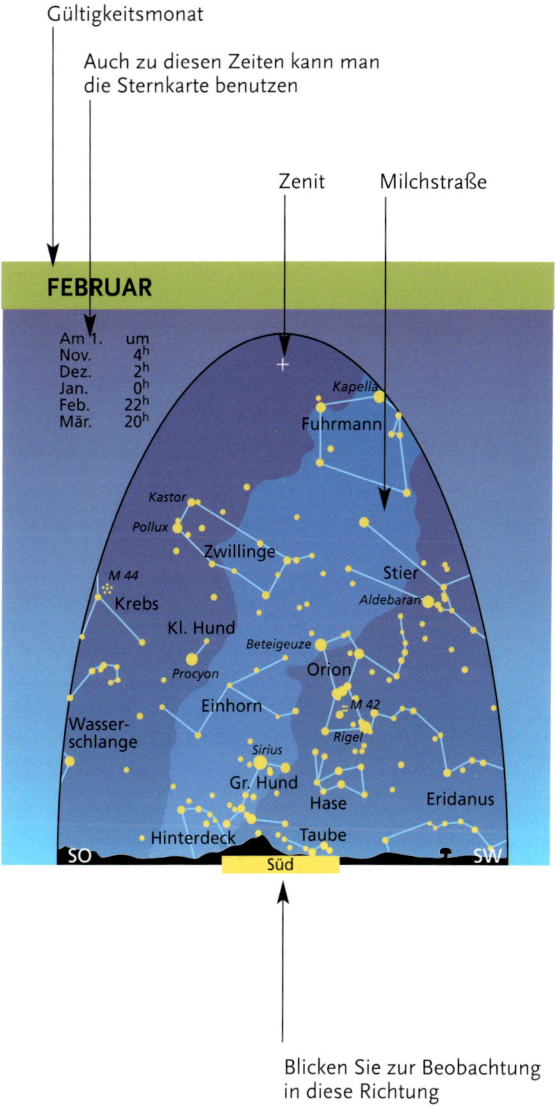
Gültigkeitsmonat
Auch zu diesen Zeiten kann man die Sternkarte benutzen
Zenit
Milchstraße
FEBRUAR
Am 1. um
Nov. 4h
Dez. 2h
Jan. 0h
Feb. 22h
Mär. 20h
Kapella
Fuhrmann
Kastor
Pollux
Zwillinge
Stier
M 44
Krebs
Aldebaran
Kl. Hund
Beteigeuze
Orion
Procyon
Einhorn
M 42
Rigel
Wasser-
schlange
Sirius
Gr. Hund
Hase
Eridanus
Hinterdeck
Taube
SO
SW
Süd
Blicken Sie zur Beobachtung in diese Richtung

JANUAR

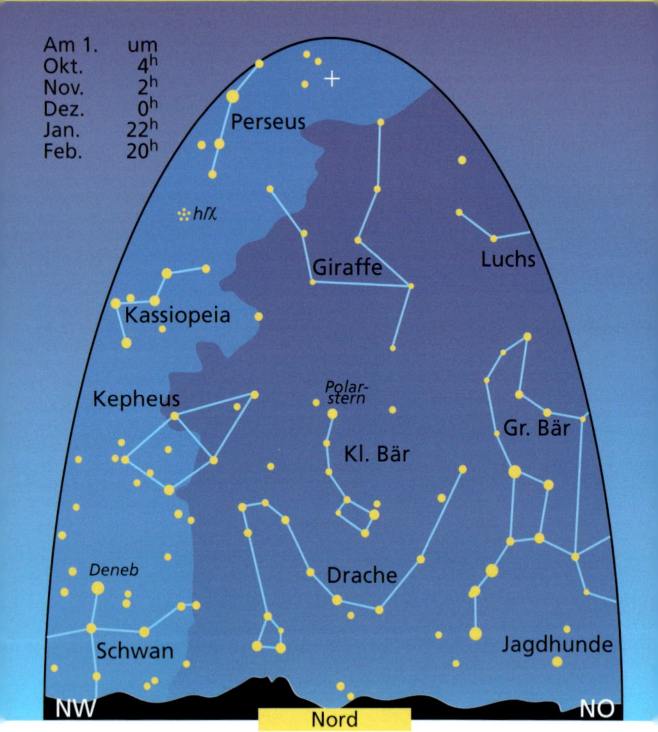

Hoch am Himmel finden Sie oberhalb des Polarsterns nur die lichtschwachen Sterne der *Giraffe*.

Halbhoch im NW sinkt das Himmels-W *Kassiopeia* langsam herab; ihr voran zieht *Kepheus*, ihr Gemahl. Auf gleicher Höhe rechts davon hängt der *Kleine Bär/Kleine Wagen* gleichsam vom Polarstern zum Horizont herab. Im NO schließlich steigt der *Große Bär* empor; seine sieben hellsten Sterne formen den *Großen Wagen*, das wohl bekannteste „Sternbild“ der Nordhalbkugel.

Horizontnah verabschiedet sich der *Schwan* mit Deneb im NW. Rechts davon können Sie den Kopf des *Drachen* als kleines Sternviereck erkennen; der langgezogene Drachenkörper windet sich als Kette lichtschwacher Sterne von dort zunächst nach Norden und schlängelt sich dann nach Osten um den *Kleinen Bären* herum.

Die Milchstraße ragt im NW auf.

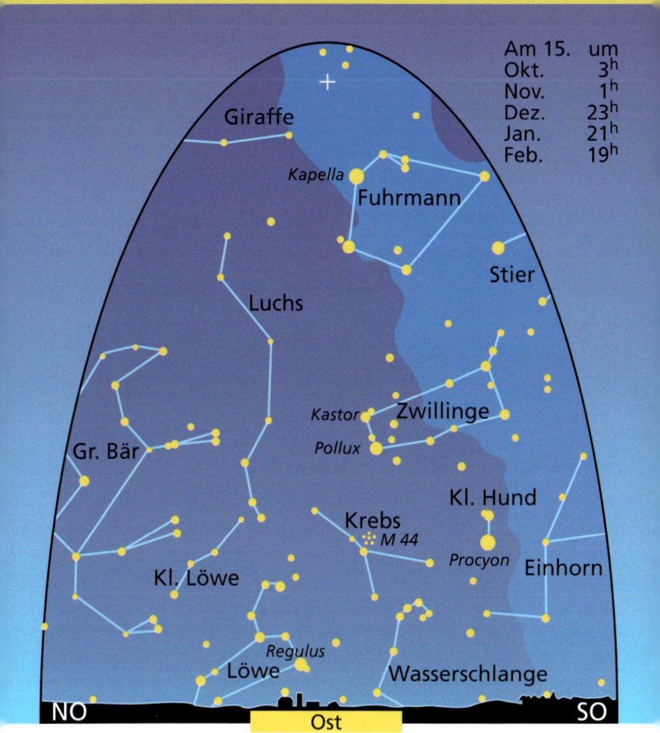

Hoch am Himmel leuchtet die helle Kapella, der Hauptstern im *Fuhrmann*, dessen fünfeckigen Umriß Sie leicht erkennen können.

Halbhoch erscheinen die *Zwillinge* als doppelte Sternenkette mit Kastor und Pollux am linken Ende. Darunter lenkt Procyon im *Kleinen Hund* die Blicke auf sich, während der *Krebs* wenig auffällig ist. Zwischen ihm und dem *Großen Bären* im NO erstreckt sich der *Luchs* mit seinen lichtschwachen Sternen.

Horizontnah kündet der aufgehende *Löwe* mit Regulus, dem „kleinen König“, bereits das nahe Frühjahr an; die Silhouette des Löwenkopfes erscheint wie eine Sichel. Weiter rechts ragen Hals und Kopf der *Wasserschlange* über den Horizont.

Die Milchstraße verläuft vom Zenit, dem Scheitelpunkt des Himmels, bis herunter zum SO-Horizont.

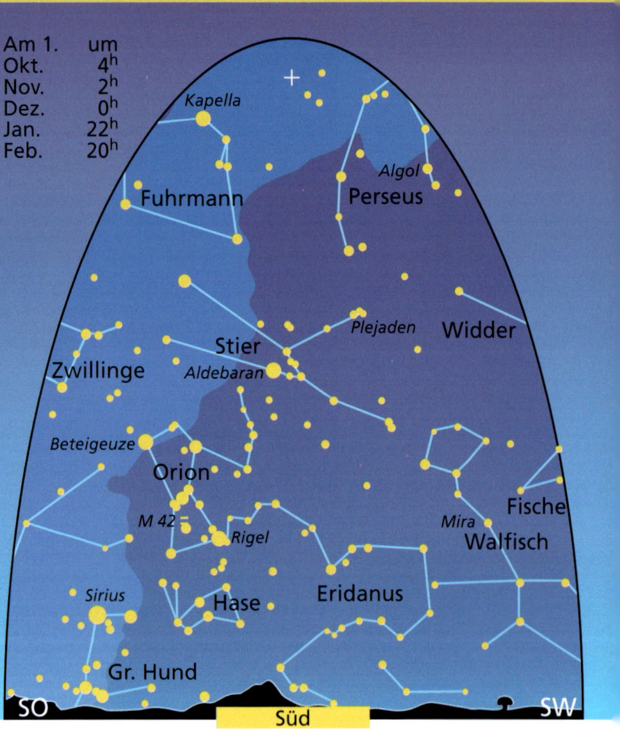

Hoch am Himmel finden Sie nahe dem Zenit den *Fuhrmann* mit der hellen Kapella und rechts davon die Ausläufer des *Perseus*. Kapella bildet den nördlichsten Eckpunkt des großen Wintersechsecks. Die übrigen Ecken werden von Aldebaran im *Stier*, Rigel im *Orion*, Sirius im *Großen Hund*, Procyon im *Kleinen Hund* und Pollux in den *Zwillingen* markiert.

Halbhoch leuchtet nahe der Nord-Süd-Linie der rötliche Aldebaran, umgeben von der V-förmigen Sterngruppe der Hyaden. Rechts oberhalb erkennen Sie die Plejaden, links unterhalb den Himmelsjäger *Orion* mit seinen drei markanten Gürtelsternen. Nach rechts schließen sich der Fluß *Eridanus* und der *Walfisch* an.

Horizontnah kauert unterhalb vom *Orion* der *Hase*, der sich vor dem nachfolgenden *Großen Hund* versteckt.

Die Milchstraße ragt im SO steil empor.

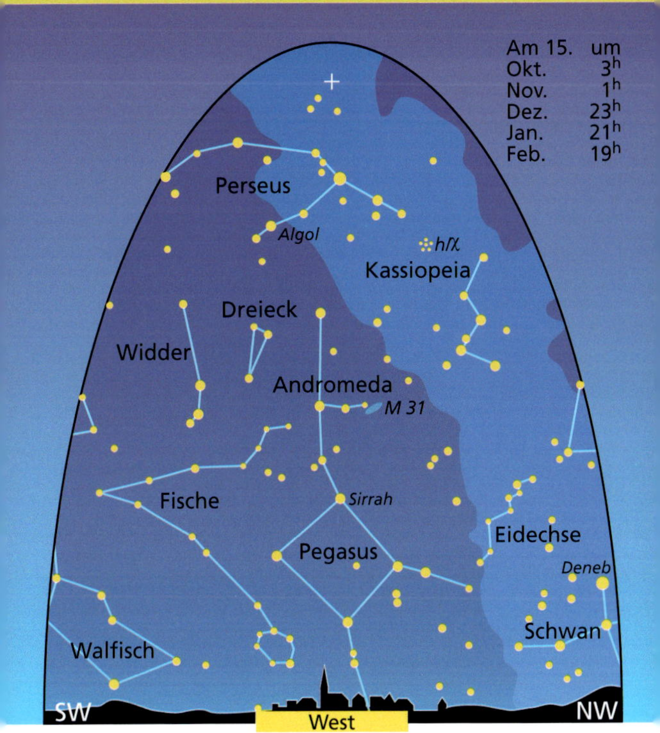

Hoch am Himmel treffen Sie auf die Sterne des *Perseus*, der nach einer griechischen Sage die *Andromeda* vor dem wütenden Meeresungeheuer in Gestalt des *Walfisches* gerettet hat. Nahe der Grenze zur benachbarten *Kassiopeia* schimmert der doppelte Sternhaufen h und chi im *Perseus*.

Halbhoch reihen sich von links nach rechts der *Widder*, das *Dreieck*, die *Andromeda* und ihre Mutter *Kassiopeia* auf. Fernab der störenden Großstadtlichter erkennen Sie vielleicht auch den verwaschenen Lichtfleck des Andromeda-Nebels M 31.

Horizontnah neigen sich *Walfisch*, *Fische* und das geflügelte Roß *Pegasus* samt *Schwan* und *Eidechse* dem Untergang zu.

Die Milchstraße verläuft vom *Perseus* durch die *Kassiopeia* und den *Schwan* zum NW-Horizont.

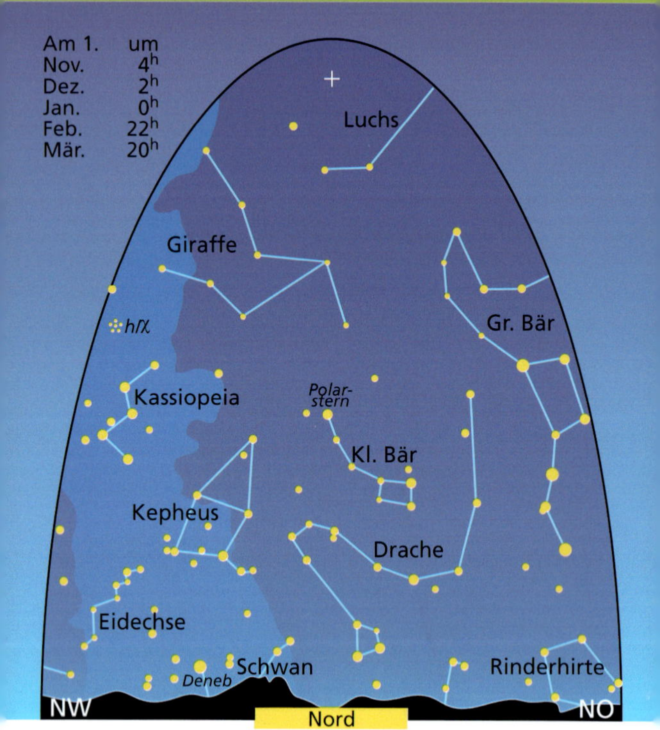

Hoch am Himmel stehen *Luchs* und *Giraffe,* die keine hellen Sterne enthalten.

Halbhoch finden Sie im NW das von den Sternen der *Kassiopeia* geformte Himmels-W und im NO die Sterne des *Großen Wagens,* die Teil des Sternbilds *Großer Bär* sind. Beide auffälligen Figuren können als Wegweiser zum Polarstern genutzt werden, der etwa auf halber Strecke zwischen ihnen liegt. Der Polarstern ist zugleich der hellste Stern im Sternbild *Kleiner Bär.*

Horizontnah passiert der Kopf des *Drachen* gerade seine Tiefststellung. Der *Drache* gehört bei uns zu den Zirkumpolarsternbildern, die niemals untergehen. Ihm folgen im NW *Schwan, Kepheus* und *Eidechse,* während der *Rinderhirte* im NO schon wieder emporsteigt.

Die Milchstraße bietet für Fernglas-Beobachter im NW noch einige Sternhaufen und Nebel.

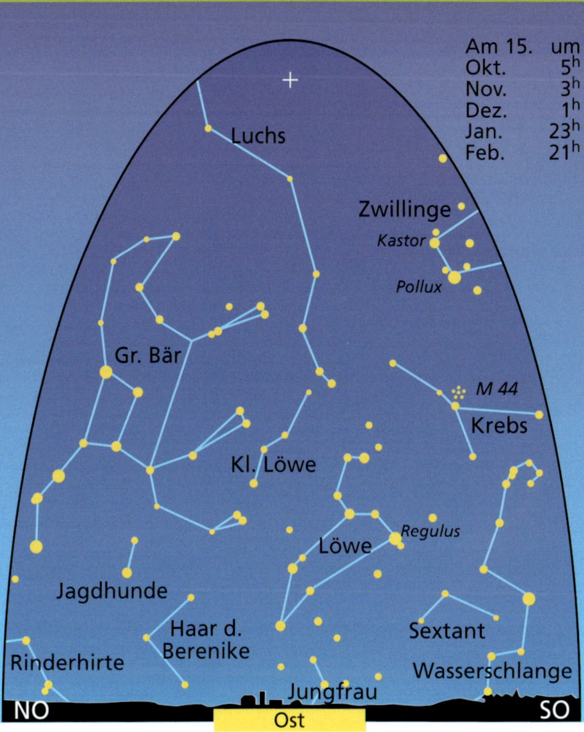

Hoch am Himmel füllt der *Luchs* eine an hellen Sternen arme Region; um dieses Sternbild zu erkennen, brauchen Sie Luchsaugen.

Halbhoch leuchten die Sterne des *Großen Wagens*, die den auffälligeren Teil des *Großen Bären* bilden. Die aufrecht sitzende Gestalt des Bären können Sie jetzt im NO gut erkennen. Zu seinen Füßen steigen der *Kleine Löwe* und der (große) *Löwe* empor; sie folgen dem *Krebs*, der schon nach SO vorangeeilt ist.

Horizontnah finden Sie den nördlichen Bereich des *Rinderhirten*, der die *Jagdhunde* vor sich hertreibt. Die geschwungene Deichsel des *Großen Wagens* zeigt Ihnen den Punkt, wo bald auch Arktur aufgehen wird. Weiter nach rechts schimmert das *Haar der Berenike*, und unter dem *Krebs* ragt der lange Hals der *Wasserschlange* immer weiter über den Horizont empor.

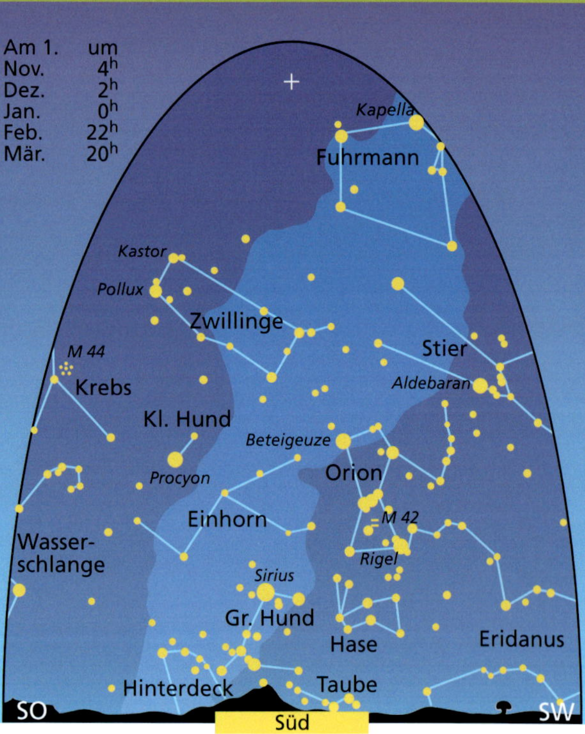

Hoch am Himmel hat der *Fuhrmann* mit der hellen Kapella die Nord-Süd-Linie inzwischen überschritten. Darunter streben die *Zwillinge* ihrer Höchststellung entgegen, während der *Stier* mit dem rötlichen Aldebaran schon wieder mit dem Abstieg begonnen hat.

Halbhoch lenkt der Himmelsjäger *Orion* mit fünf Sternen der nullten und ersten Größenklasse die Blicke auf sich. Am hellsten strahlt Rigel, der rechte Fußstern, etwas blasser erscheint Beteigeuze, der linke Schulterstern. Nach links schließen sich das *Einhorn* und der *Kleine Hund* mit Procyon an.

Horizontnah funkelt Sirius im *Großen Hund,* der dem *Hasen* und der *Taube* nachzustellen scheint. Daneben ragen Teile vom *Hinterdeck des Schiffes,* einem Sternbild am Südhimmel, über den Horizont.

Die Milchstraße ist in dieser Region wenig auffällig.

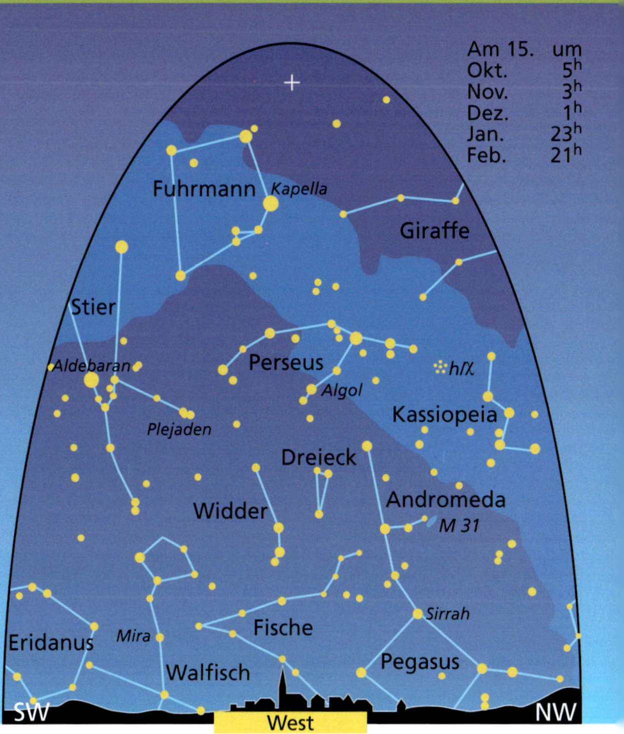

Hoch am Himmel trifft Ihr Blick auf die helle Kapella, den Hauptstern im *Fuhrmann*. Rechts davon beginnt die an hellen Sternen arme Figur der *Giraffe*.

Halbhoch bilden der *Stier*, der *Perseus* und die *Kassiopeia* einen breiten Riegel mit vergleichsweise hellen Sternen, der sich in Gestalt der *Andromeda* Richtung Horizont fortsetzt. Dagegen sind *Widder* und *Dreieck* genau unterhalb des *Perseus* eher unscheinbar.

Horizontnah konzentriert sich im SW das „Feuchtbiotop" des Himmels, das jetzt noch den Fluß *Eridanus*, den *Walfisch* und die *Fische* umschließt (*Wassermann* und *Südlicher Fisch* sind bereits untergegangen). Weiter rechts ist das große *Pegasus*-Viereck schon nicht mehr vollständig zu sehen.

Die Milchstraße verläuft von links oben nach rechts unten durch diesen Himmelsausschnitt.

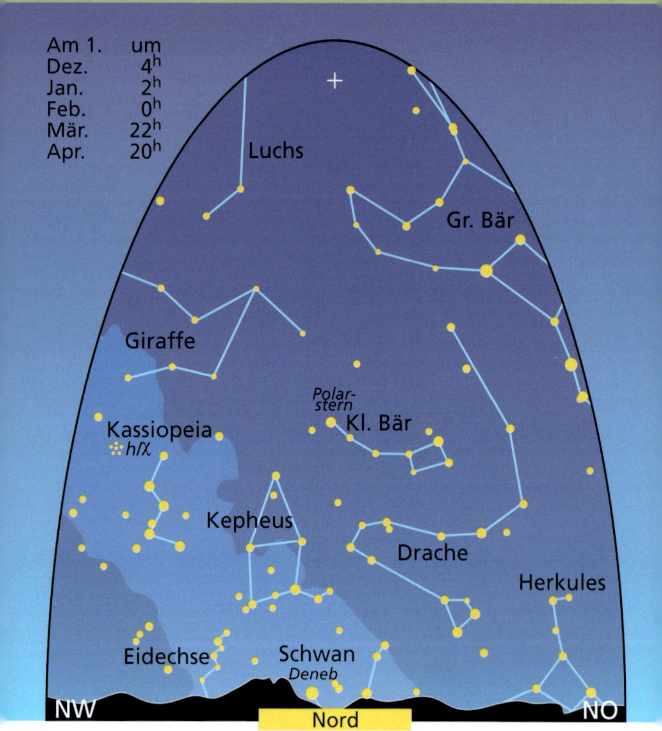

Hoch am Himmel scheint der *Große Bär/Große Wagen* im NO nach dem *Luchs* im NW zu schnappen. Auch die *Giraffe* streckt ihren langen Hals von NW her in diese Himmelsregion.

Halbhoch strebt der *Kepheus* seiner Tiefststellung (der unteren Kulmination) entgegen; als Zirkumpolarsternbild geht er bei uns nie völlig unter. In seinem Gefolge befindet sich die *Kassiopeia*, die jetzt wie ein ziemlich krakelig geschriebenes „E“ erscheint. Rechts vom *Kepheus* lenkt der gewundene Rumpf des *Drachen* Ihren Blick auf den *Kleinen Bären* mit dem Polarstern und den *Großen Bären/Großen Wagen* hoch im NO.

Horizontnah wehren sich *Eidechse* und *Schwan* erfolgreich gegen den vollständigen Untergang, während im NO der *Herkules* bereits wieder den Aufstieg beginnt.

Die Milchstraße bleibt im N und NW wenig auffällig.

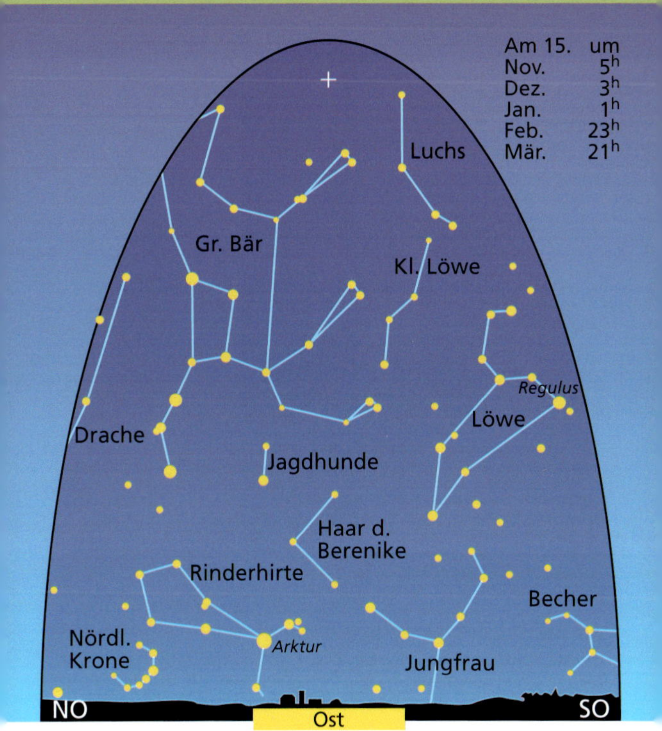

Hoch am Himmel steigt der *Große Bär/Große Wagen* immer weiter empor und mit ihm der *Luchs* und der *Kleine Löwe*.

Halbhoch setzt der *Löwe* im SO allmählich zum Sprung über die Nord-Süd-Linie an. Links daneben können Sie nach dem schimmernden *Haar der Berenike* suchen und nach den *Jagdhunden*, die dem *Großen Bären* folgen; dessen gebogener Schwanz (die Deichsel des *Großen Wagens*) weist nach unten zu Arktur, dem orangerötlichen Hauptstern des *Rinderhirten*.

Horizontnah funkelt Arktur als hellster Stern nördlich des Himmelsäquators. Noch etwas tiefer steigt weiter links der Sternenhalbkreis der *Nördlichen Krone* empor, während im SO das Sternbild *Jungfrau* auftaucht; ihr Hauptstern Spica, der dritte Eckpunkt des „Frühlingsdreiecks", fehlt allerdings noch.

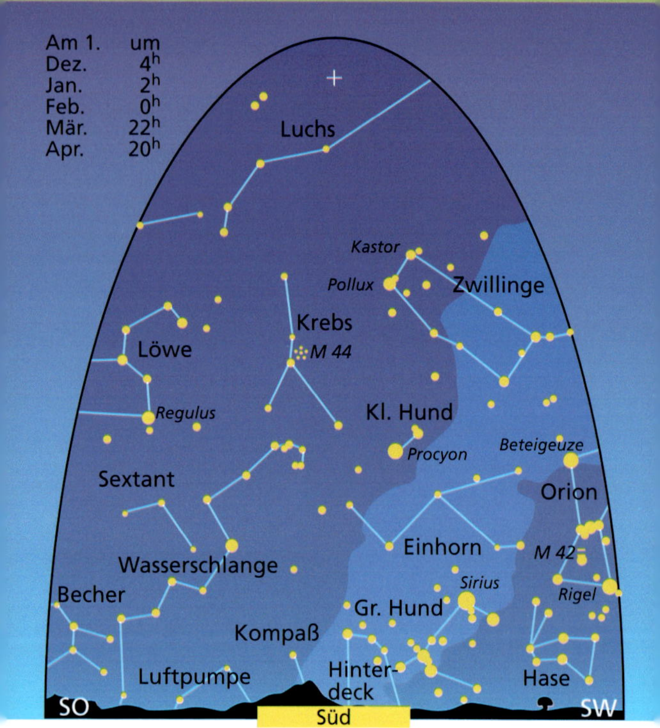

Hoch am Himmel verlangt der *Luchs* zur Beobachtung einen dunklen Standort.

Halbhoch spannt sich eine Kette von Tierkreis-Sternbildern über den Südbereich – von den *Zwillingen* im SW über den *Krebs* im S bis zum *Löwen* im SO. Nahe dem Punkt, wo die drei „Äste" vom *Krebs* zusammentreffen, schimmert matt der Sternhaufen der Praesepe (M 44). In einer zweiten Reihe finden Sie das unscheinbare *Einhorn*, den *Kleinen Hund* mit Procyon und den Kopf der *Wasserschlange*.

Horizontnah können Sie den Rumpf der *Wasserschlange* nach SO verfolgen und nach *Sextant* und *Becher* Ausschau halten. Weiter westlich stellt der *Große Hund* mit Sirius, dem hellsten Stern am irdischen Firmament, dem scheuen *Hasen* unterhalb des *Orions* nach.

Die Milchstraße steigt vom Südpunkt nach NW auf.

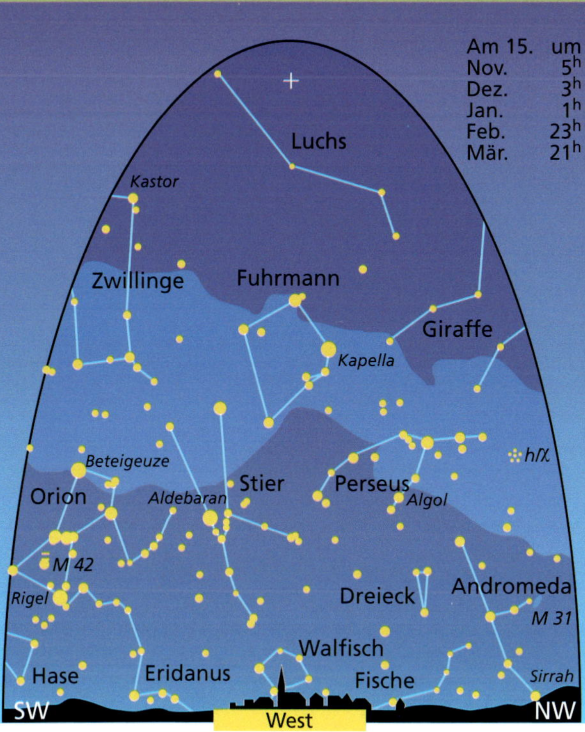

Hoch am Himmel fallen die lichtschwachen Sterne des *Luchses* kaum auf.

Halbhoch beherrscht das markante Fünfeck des *Fuhrmanns* mit der hellen Kapella die Szene. Nach rechts schließt sich die unauffällige *Giraffe* an, links finden Sie die beiden Sternketten der *Zwillinge*. Darunter bereiten sich die ersten Wintersternbilder auf den Abschied von der Himmelsbühne vor: der *Stier* mit Aldebaran im W und der *Orion* mit Rigel und Beteigeuze im SW.

Horizontnah tauchen mit dem Fluß *Eridanus*, dem *Walfisch* und den *Fischen* weitere Herbststernbilder unter den Horizont, und auch den *Widder*, das *Dreieck* und die *Andromeda* werden Sie dort nicht mehr lange finden. Allenfalls der *Perseus* bleibt noch eine Zeitlang am Himmel zu sehen.

Die Milchstraße verläuft quer über den Westhimmel.

APRIL

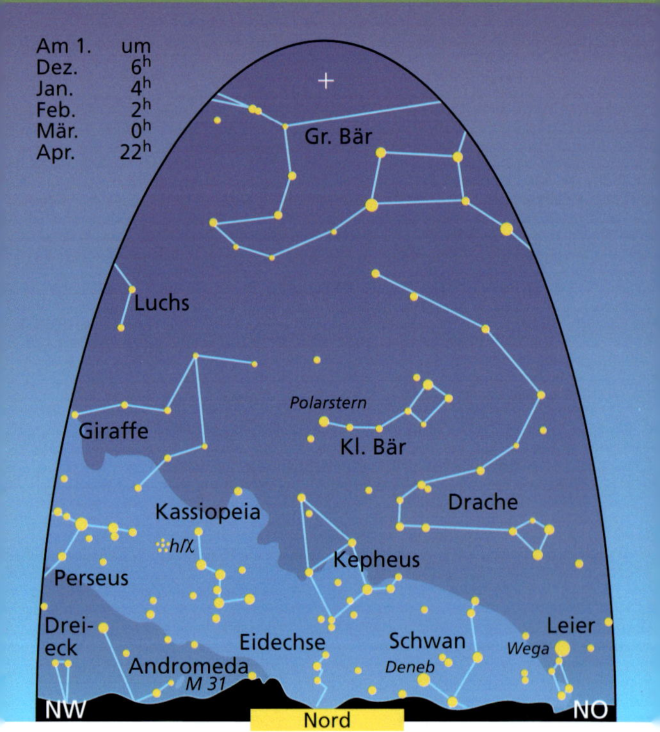

Hoch am Himmel passiert der *Große Bär/Große Wagen* bald seine Höchststellung und füllt dann den Platz zwischen Zenit und Polarstern.

Halbhoch finden Sie im NW die *Giraffe* und im NO den gewundenen Rumpf des *Drachen*. Zwischen beiden leuchtet der Polarstern, von dem aus der *Kleine Bär* sich ziemlich waagerecht nach NO erstreckt.

Horizontnah drängen sich die letzten Herbststernbilder: *Kepheus* und *Eidechse* durchlaufen ihre Tiefststellung im N, die *Kassiopeia* wird immer deutlicher zum Himmels-„W", und die *Andromeda* und das *Dreieck* werden bald vollständig untergegangen sein. Dagegen steigt im NO die *Leier* mit der hellen Wega schon wieder höher, und auch Deneb im *Schwan* hat seinen Tiefstpunkt im N bereits überwunden.

Die Milchstraße verläuft flach über dem Horizont.

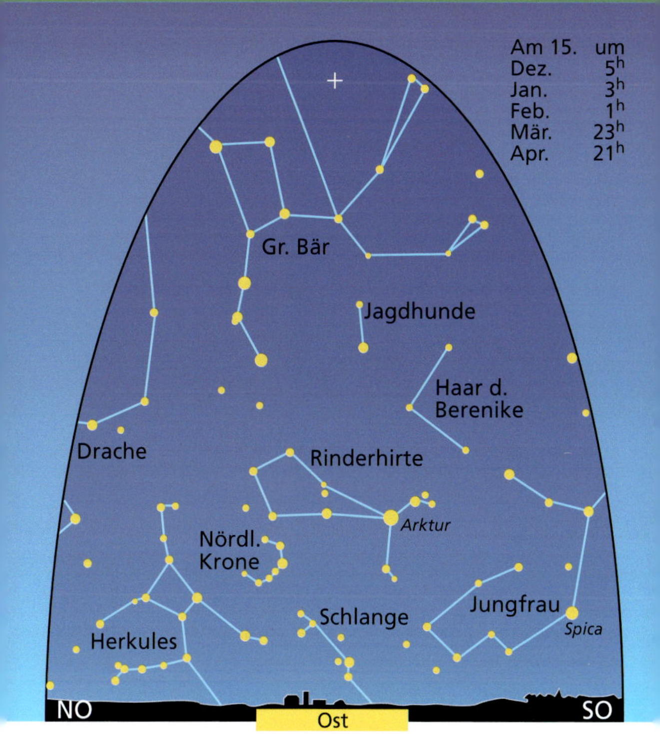

Hoch am Himmel setzt der *Große Bär* zum Sprung in den Zenitbereich an; die Teilfigur des *Großen Wagens* scheint jetzt auf der (abgeknickt erscheinenden) Wagendeichsel zu stehen. Rechts daneben finden Sie die *Jagdhunde* und das *Haar der Berenike*.

Halbhoch leuchtet der orangerötliche Arktur im *Rinderhirten*; die mächtige Gestalt erstreckt sich von Arktur aus horizontal nach links. Ihre „Spitze" weist in Richtung *Drache*, der sich im Nordosten bis auf die Höhe des *Großen Wagens* emporwindet.

Horizontnah können Sie den *Herkules* und das Halbrund der *Nördlichen Krone* erkennen, rechts darunter den *Kopf der Schlange* sowie nach SO hin das Sternbild *Jungfrau* mit dem weißlichen Hauptstern Spica. Zusammen mit Arktur und Regulus, dem Hauptstern im *Löwen* (im S), bildet Spica das große Frühlingsdreieck.

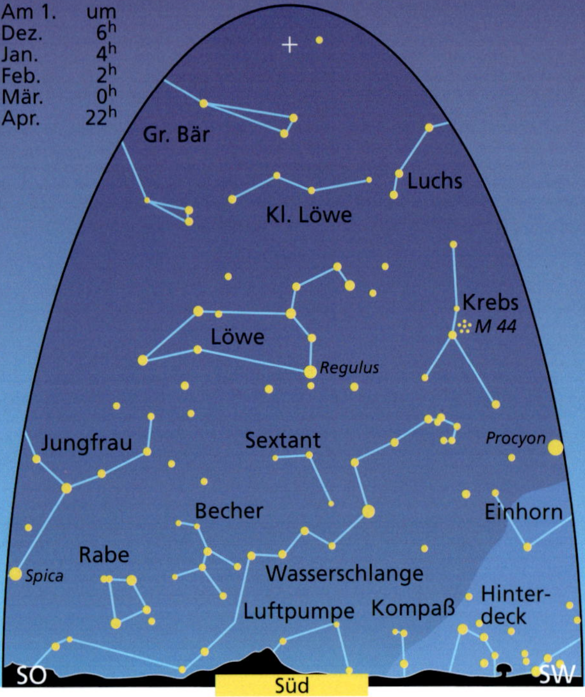

Hoch am Himmel ragen die Pranken des *Großen Bären* noch bis fast an den Scheitelpunkt oder Zenit heran. Darunter kauert der *Kleine Löwe,* dessen lichtschwache Sterne allerdings nicht sehr auffällig sind.

Halbhoch beherrscht der mächtige *Löwe* die Szene. Sein Hauptstern Regulus liegt fast auf der Ekliptik – an dieser Stelle des Himmels steht die Sonne alljährlich um den 23. August. Auch der *Krebs* weiter westlich gehört zu den Ekliptiksternbildern.

Horizontnah erstreckt sich die *Wasserschlange,* deren Kopf unterhalb vom *Krebs* aufragt, bis weit nach SO. Über ihrem Rücken „schweben“ drei unscheinbare Sternbilder – der *Sextant,* der *Becher* und der *Rabe,* die beiden letzten sind in der griechischen Mythologie mit der *Wasserschlange* verknüpft. Im SW ragen noch einige Sterne des Südhimmels über den Horizont.

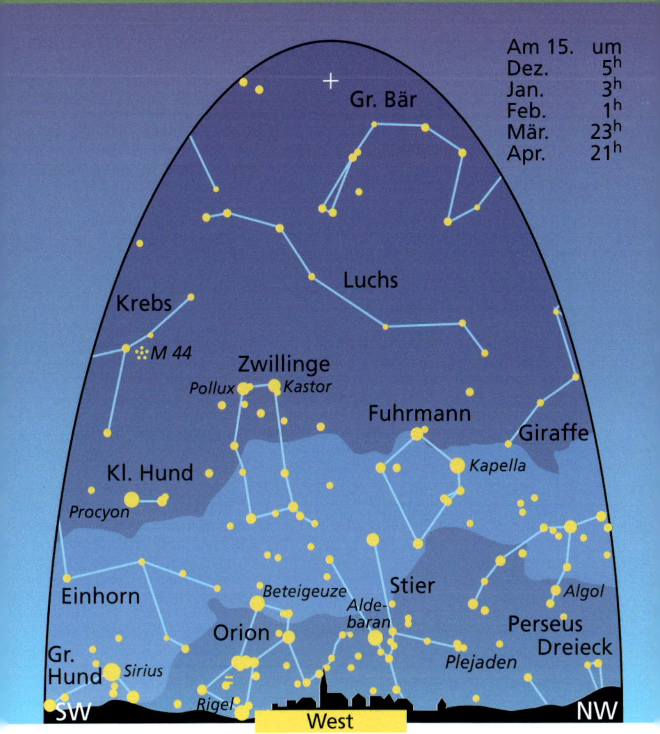

★ **Hoch am Himmel** bleibt die Suche nach hellen Sternen erfolglos – dort können Sie einzig die Vorderpranken des *Großen Bären* und den *Luchs* ausmachen.

★ **Halbhoch** bietet sich ein letzter Blick auf das vollständige Wintersechseck: Noch am höchsten stehen die beiden *Zwillinge* Kastor und Pollux. Rechts davon trifft der Blick auf den *Fuhrmann* mit der hellen Kapella, links leuchtet Procyon im *Kleinen Hund*, und darüber folgt der unscheinbare *Krebs*.

★ **Horizontnah** verabschiedet sich der Himmelsjäger *Orion* von der Himmelsbühne. Seine drei Gürtelsterne weisen nach links auf Sirius im *Großen Hund*, nach rechts auf den orangerötlichen Aldebaran im *Stier*, die beide ebenfalls „dem Untergang geweiht" sind.

★ **Die Milchstraße,** in dieser Region ohnehin nicht sehr eindrucksvoll, spannt sich flach über den Westhorizont.

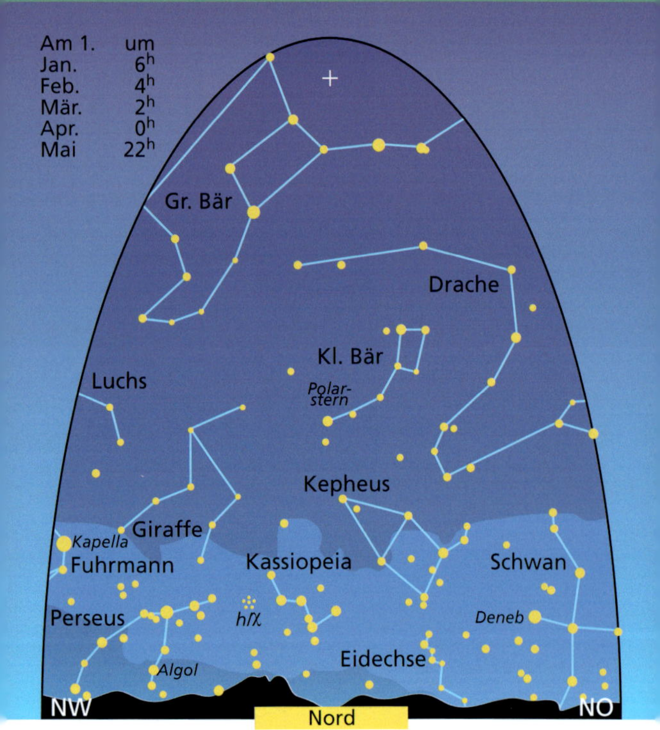

Hoch am Himmel hat nun auch der *Große Wagen* als Hinterteil des *Großen Bären* den Höhepunkt seines täglichen Umschwungs überschritten und sinkt langsam im NW wieder herab. Zwischen ihm und dem *Kleinen Bären* mit dem Polarstern schlängelt sich der langgestreckte Schwanz des *Drachen*.

Halbhoch trifft der Blick fast ins Leere, da die *Giraffe* im NW und der *Drache* im NO nur recht lichtschwache Sterne umfassen.

Horizontnah passiert die *Kassiopeia* (das Himmels-W) gerade ihre tiefste Stellung – die *Kassiopeia* gehört, ebenso wie der benachbarte *Kepheus*, zu den Zirkumpolarsternbildern, die bei uns niemals untergehen. Und während im NW der *Perseus* langsam versinkt, steigt im NO der *Schwan* mit dem hellen Deneb empor.

Die Milchstraße verläuft horizontnah von W nach O.

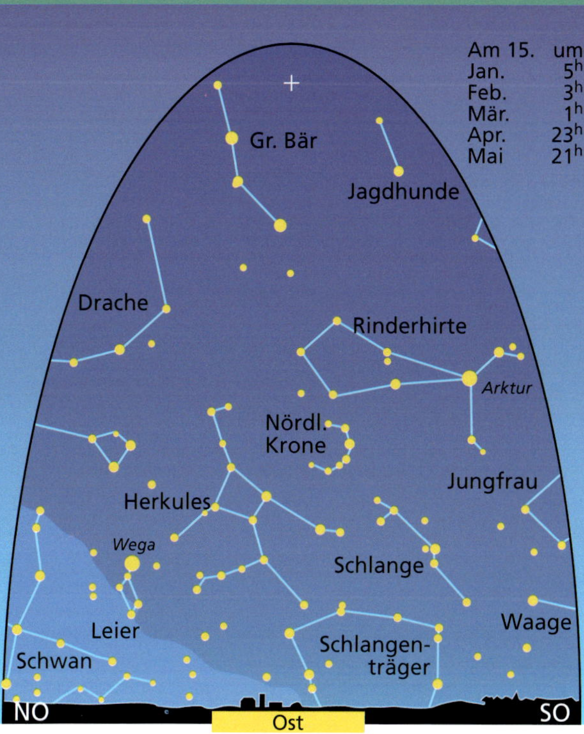

Hoch am Himmel erkennen Sie die Deichsel des *Großen Wagens* und das kleine, unscheinbare Sternbild der *Jagdhunde*.

Halbhoch übernimmt der *Rinderhirte* mit dem orangerötlichen Arktur bald die Hauptrolle am Südhimmel. Ihm folgen das Halbrund der *Nördlichen Krone* und weiter zum Horizont die mächtige Gestalt des *Herkules*, der kopfüber am Himmel entlangzieht und seine Füße auf den Kopf des *Drachen* gestellt hat.

Horizontnah zieht die helle Wega, Hauptstern in der *Leier*, Ihre Aufmerksamkeit auf sich, kündet sie doch den nahen Sommer an. Ihr folgt im NO der *Schwan*, während der *Schlangenträger* rechts unterhalb des *Herkules* über den Horizont steigt. Der Kopf der *Schlange* ist schon aufgegangen, der Schwanz läßt noch auf sich warten.

Die Milchstraße ist noch immer wenig eindrucksvoll.

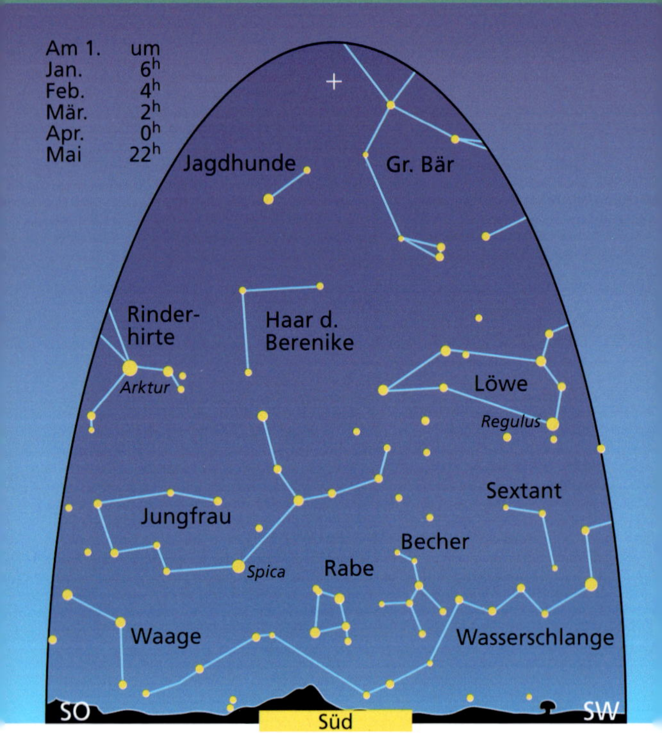

Hoch am Himmel hetzen die *Jagdhunde* dem *Großen Bären* nach, der nun schon wieder am SW-Himmel herabsteigt. Unterhalb der *Jagdhunde* schimmert blaß das *Haar der Berenike*.

Halbhoch finden Sie im SO den orangerötlichen Arktur im *Rinderhirten*, im SW den weißlichen Regulus im *Löwen* und fast im S, aber deutlich tiefer, die weißliche Spica, den Hauptstern der *Jungfrau*. Die drei Sterne bilden das große Frühlingsdreieck, das unter den jahreszeitlichen „Vielecken" am unauffälligsten ist.

Horizontnah ist die *Wasserschlange* jetzt endlich in voller Größe zu erkennen. Ausgehend vom Kopf weit im SW (außerhalb dieser Karte) erstreckt sie sich bis zum Schwanzende unterhalb des Sternbilds *Waage* über eine Gesamtlänge von fast 100 Grad. Allerdings sind ihre lichtschwachen Sterne im Horizontdunst kaum zu finden.

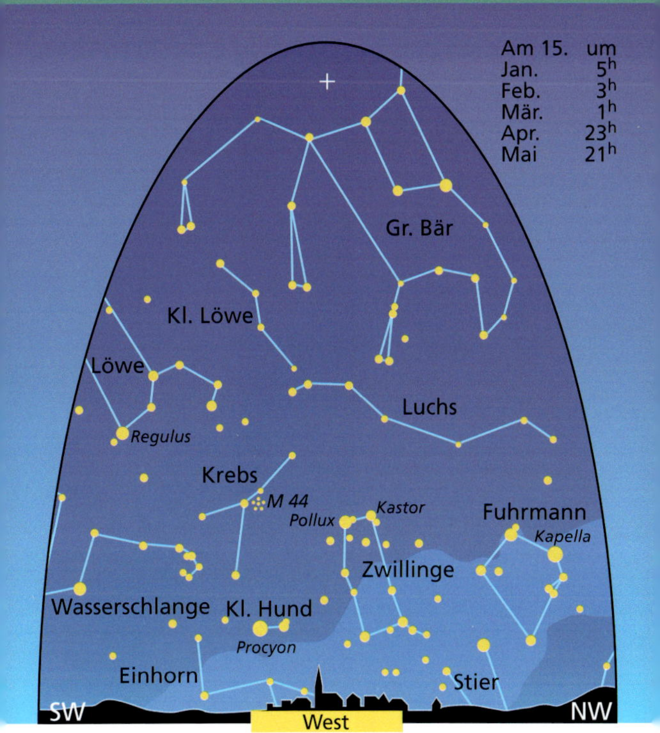

Hoch am Himmel erkennen Sie jetzt den *Großen Bären,* der zunehmend an Höhe verliert und gleichsam im Steilflug auf den NW-Horizont zusteuert. Zu seinen Füßen haben sich die Sternbilder *Kleiner Löwe* und *Luchs* regelrecht verkrochen.

Halbhoch lauert der *Löwe* zwar auf Beute, doch der vorauseilende *Krebs* dürfte ihm kaum zusagen.

Horizontnah bereitet sich der *Kleine Hund* mit Procyon auf den Untergang vor, und auch die *Zwillinge* mit Kastor und Pollux werden nicht mehr lange verweilen können, ebenso wie weiter im SW die *Wasserschlange.* Vom *Einhorn* und vom *Stier* ragen nur noch einige Teile über den Horizont, der Rest der Wintersternbilder hat sich von der Himmelsbühne verabschiedet. Nur der *Fuhrmann* mit der hellen Kapella hat noch eine Gnadenfrist.

Die Milchstraße bleibt auch im Mai unauffällig.

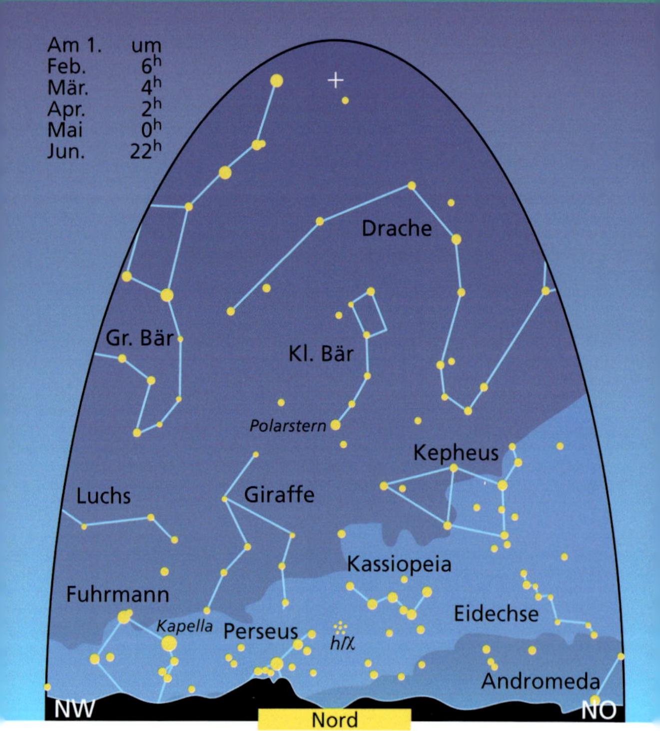

Hoch am Himmel scheint der *Große Wagen* im NW mit der Deichselspitze am Zenit zu hängen. Im NO windet sich der riesige *Drache* in großem Bogen um den *Kleinen Bären* mit dem Polarstern; der *Kleine Bär/Kleine Wagen* reckt sich derzeit dem Zenit entgegen.

Halbhoch strebt die *Giraffe* ihrer Tiefststellung im N entgegen. Auch sie zählt zu den Zirkumpolarsternbildern, die bei uns nicht untergehen. Ihr folgt im NW der *Luchs*, während *Eidechse* und *Kepheus* im NO mit dem Wiederaufstieg begonnen haben.

Horizontnah wäre das Himmels-W, die *Kassiopeia*, jetzt besonders gut lesbar, doch der Nordhorizont wird durch die lange Dämmerungszeit noch aufgehellt. *Perseus* und der *Fuhrmann* mit der hellen Kapella tauchen immer tiefer in die horizontnahen Dunstschichten ein.

Die Milchstraße steigt im NO langsam empor.

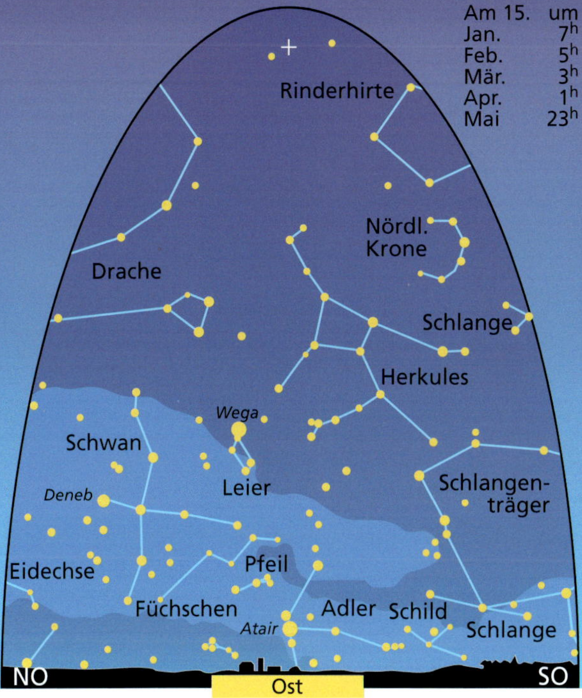

Hoch am Himmel erkennen Sie im NO Teile des *Drachen*, im SO die Spitze des *Rinderhirten* und das Halbrund der *Nördlichen Krone* sowie im O ein Bein des Riesen *Herkules*, der kopfüber am Himmel entlangzieht.

Halbhoch treten zwei Sternvierecke gegeneinander an: der Rumpf des *Herkules* und der Kopf des *Drachen*. Dazwischen, aber etwas tiefer, leuchtet die helle Wega, Hauptstern der *Leier*. Links darunter finden Sie das mächtige Sternkreuz des *Schwans*, während im SO die große Gestalt des *Schlangenträgers* sichtbar wird.

Horizontnah taucht mit Atair im *Adler* der dritte Eckpunkt des Sommerdreiecks auf (die beiden anderen sind Wega in der *Leier* und Deneb im *Schwan*). Links vom *Adler* liegen der *Pfeil* und das *Füchschen*, rechts treffen Sie auf den *Schild* und den Schwanz der *Schlange*.

Die Milchstraße verläuft noch sehr horizontnah.

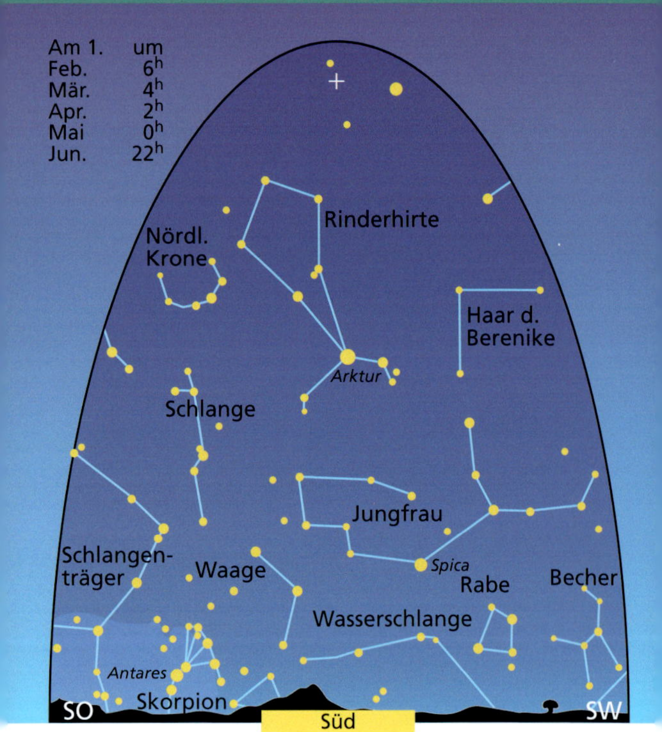

Hoch am Himmel hat der mächtige *Rinderhirte* seine Höchststellung auf der Nord-Süd-Linie erreicht; und sein orangerötlicher Hauptstern Arktur ist der hellste Stern nördlich des Himmelsäquators. Links neben dem *Rinderhirten* finden Sie die *Nördliche Krone*, rechts schimmert das *Haar der Berenike*.

Halbhoch nimmt die *Jungfrau* weiten Raum ein – unter den Ekliptiksternbildern ist sie das größte, in dem die Sonne alljährlich mehr als sechs Wochen verweilt. Links oberhalb der *Jungfrau* finden Sie den *Kopf der Schlange* und Teile des *Schlangenträgers*.

Horizontnah steht darunter inzwischen der rötliche Antares, Hauptstern im *Skorpion*. Dessen Scheren sind schon vor langer Zeit abgetrennt und zum Sternbild *Waage* geformt worden. *Wasserschlange, Rabe* und *Becher* entschwinden allmählich im SW.

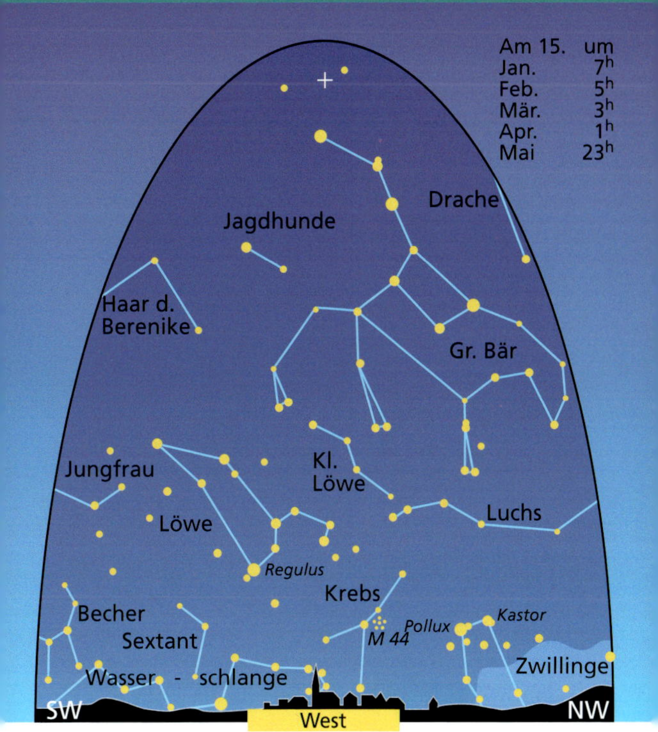

Hoch am Himmel sinkt die mächtige Gestalt des *Großen Bären* jetzt deutlich immer weiter herunter. Während die Tiergestalt vorwärts wandert, scheint der „eingelagerte" *Große Wagen* rückwärts über den Himmel zu rollen. Links neben den Deichselsternen lauern die *Jagdhunde*, noch weiter im SW können Sie das unscheinbare Sternbild *Haar der Berenike* suchen.

Halbhoch ducken sich *Luchs* und *Kleiner Löwe* vor dem herannahenden *Großen Bären*, während der *Löwe* selbst zu einem weiten Sprung angesetzt hat.

Horizontnah verabschiedet sich die *Wasserschlange* allmählich von der Himmelsbühne und mit ihr *Sextant* und *Becher*. Auch der *Krebs* im W und die *Zwillinge* im NW, deren „Füße" schon untergegangen sind, ziehen sich nun zurück; mit ihnen verschwinden auch die letzten Glanzpunkte des Winterhimmels.

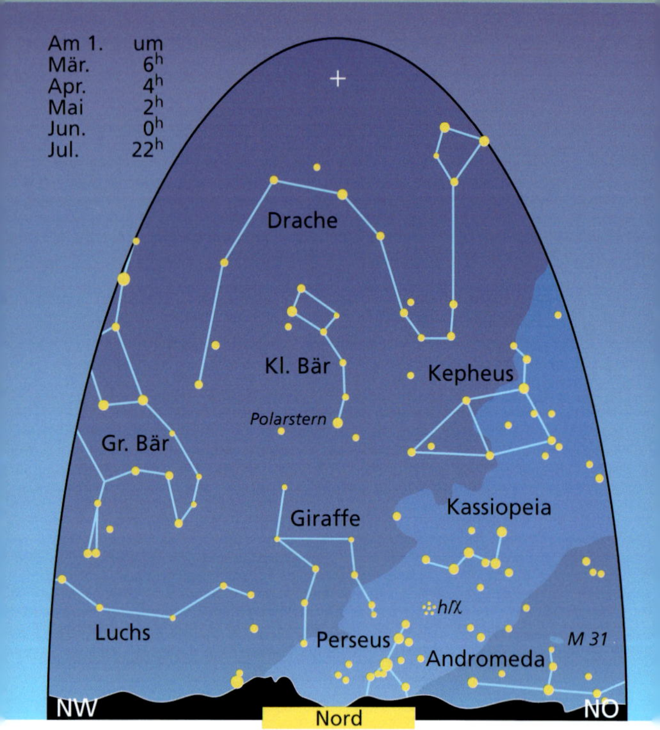

Hoch am Himmel windet sich der lange Rumpf des *Drachen* in großem Bogen um den *Kleinen Bären*, der sich jetzt nahezu senkrecht über dem Polarstern in Richtung Zenit reckt.

Halbhoch ragt der Kopf des *Großen Bären* von NW herüber. Die beiden hinteren Kastensterne vom *Großen Wagen* befinden sich etwa auf gleicher Höhe mit dem Polarstern; mit ihrer Hilfe können Sie diesen scheinbaren Dreh- und Angelpunkt jetzt besonders leicht finden. Von NO zeigt die Spitze des *Kepheus* ebenfalls in Richtung auf den Polarstern.

Horizontnah gewinnt die *Kassiopeia* langsam wieder an Höhe, während die benachbarte *Giraffe* ihre Tiefststellung gerade erreicht hat. Noch tiefer bereiten *Perseus* und *Andromeda* ihr Comeback vor.

Die Milchstraße steigt im N empor.

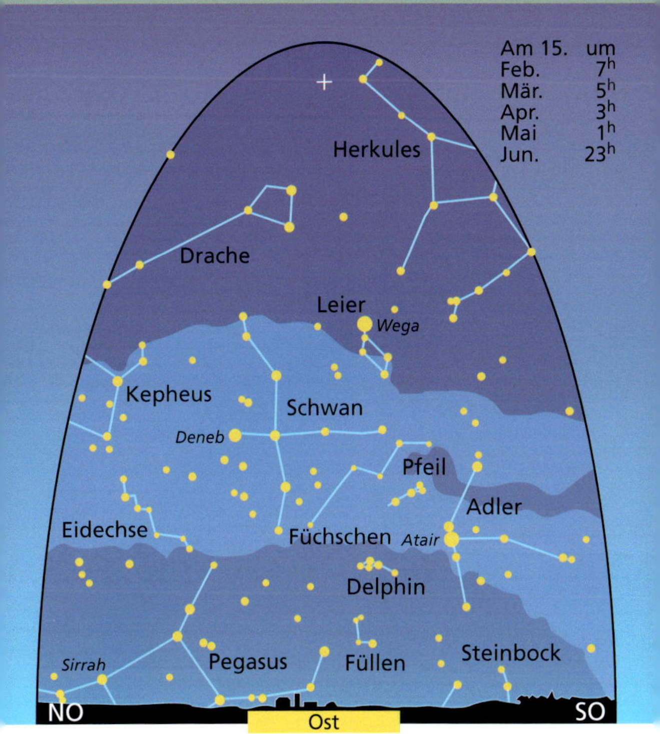

Hoch am Himmel hat *Herkules* seinen Kampf gegen den *Drachen* gewonnen: Der Riese hat seinen Fuß bereits auf den Drachenkopf gestellt.

Halbhoch bekommen Sie einen Vorgeschmack auf den spätsommerlichen Südhimmel: Hier finden Sie mittlerweile das komplette Sommerdreieck aus Wega, dem Hauptstern der *Leier*, Deneb im *Schwan* und Atair im *Adler*. Der *Schwan* mit seinen ausgebreiteten Schwingen und dem weit nach vorn gestreckten Hals fliegt jetzt nahezu parallel zum Horizont nach S.

Horizontnah künden sich bereits die ersten Herbststernbilder an: *Pegasus*, das geflügelte Roß, reckt seine Vorderläufe empor, und auch der *Steinbock* lugt schon über die Horizontlinie.

Die Milchstraße verläuft halbhoch über den Osthimmel und präsentiert im *Schwan* einige Sternwolken.

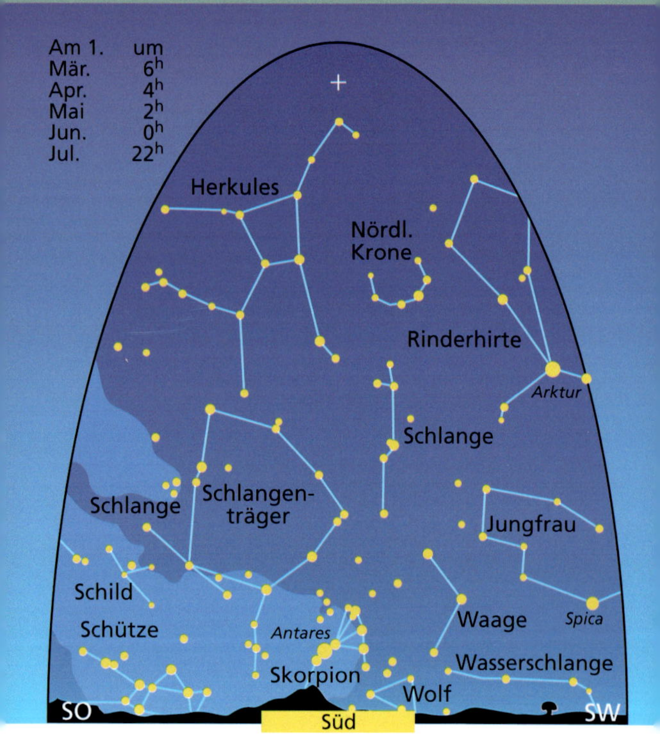

Hoch am Himmel strebt der mächtige *Herkules* seiner Höchststellung im Süden entgegen. Rechts von ihm erkennen Sie die *Nördliche Krone* und noch weiter im SW die Umrisse des *Rinderhirten* mit dem hellen Arktur.

Halbhoch hat der Kopf der *Schlange* die Südstellung bereits überschritten, während der *Schlangenträger* die Nord-Süd-Linie bald erreichen wird. An seinem linken Rand finden Sie jetzt auch den Schwanz der *Schlange* – sie ist das einzige zweigeteilte Sternbild am Himmel.

Horizontnah überquert auch der *Skorpion* die Nord-Süd-Linie. Zwar gehört der *Skorpion* zu den Ekliptiksternbildern, doch verweilt die Sonne alljährlich nur wenige Tage im nördlichsten Ausläufer dieser Figur und zieht dann in den *Schlangenträger* weiter.

Die Milchstraße zeigt im SO einige vielversprechende helle Sternwolken.

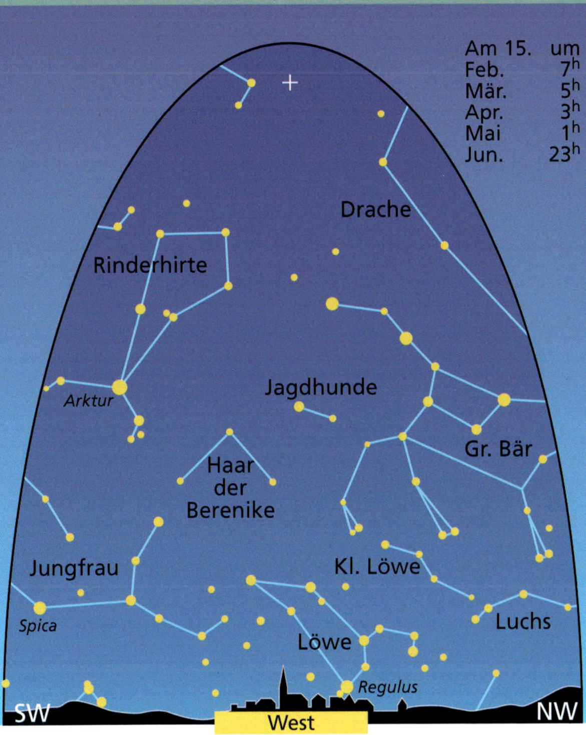

Hoch am Himmel werden Sie wieder einmal kaum helle Sterne finden. Noch am nächsten an den Zenit heran kommen ein „Bein" des *Herkules* und der gewundene Rumpf des *Drachen*.

Halbhoch ragen Körper und Schwanz des *Großen Bären* noch in den westlichen Teil des Himmels hinein. Der geschwungene Bogen des Bärenschwanzes (der Deichsel des *Großen Wagens*) weist Ihnen den Weg zu Arktur, dem orangerötlichen Hauptstern des *Rinderhirten*. Dazwischen liegen noch die *Jagdhunde* und das unscheinbare *Haar der Berenike*.

Horizontnah bietet sich ein letzter Blick auf den *Löwen* mit Regulus, ehe dieser erste Eckpunkt des Frühlingsdreiecks hinter dem Horizont verschwindet. Auch die *Jungfrau* mit Spica im SW wird sich nun bald vom Abendhimmel verabschieden.

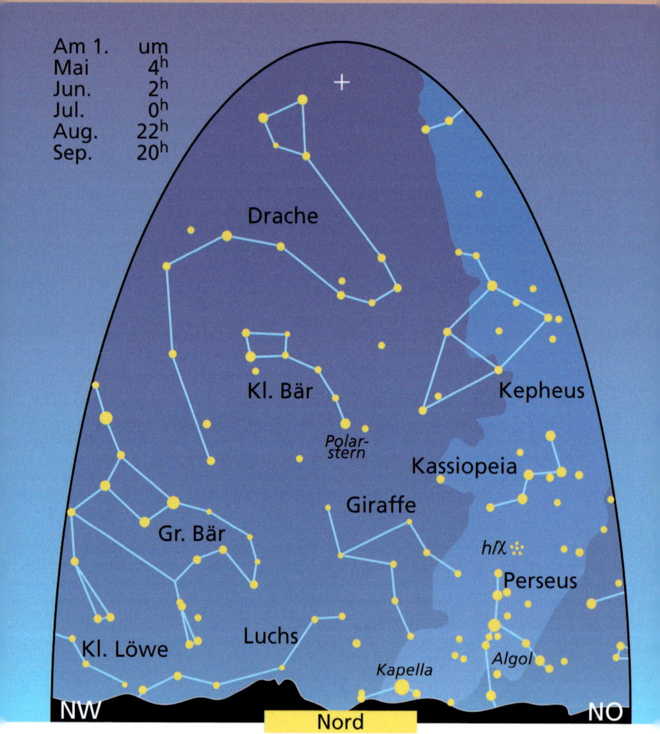

Hoch am Himmel beherrscht der *Drache* die Szene: Seinen Kopf finden Sie noch nahe dem Zenit des Himmels; von dort erstreckt sich der Drachenrumpf zunächst nach rechts unten, knickt kurz vor dem *Kepheus* nach NW ab und schlägt dann einen weiten Bogen rund um den *Kleinen Bären.*

Halbhoch setzt im NW der *Große Bär* mit seinen ausgestreckten Beinen zur „Landung" über dem Nordhorizont an. Vor ihm startet die *Giraffe* gerade durch, und die *Kassiopeia* hat gegenüber ihrer Tiefststellung bereits deutlich an Höhe gewonnen.

Horizontnah ducken sich im NW und N der *Kleine Löwe* und der *Luchs*. Tief über dem Nordhorizont flackert Kapella, der Hauptstern im *Fuhrmann*, und der *Perseus* erscheint jetzt klar wie ein auf dem Kopf stehendes „Y".

Die Milchstraße steigt im NO steil empor.

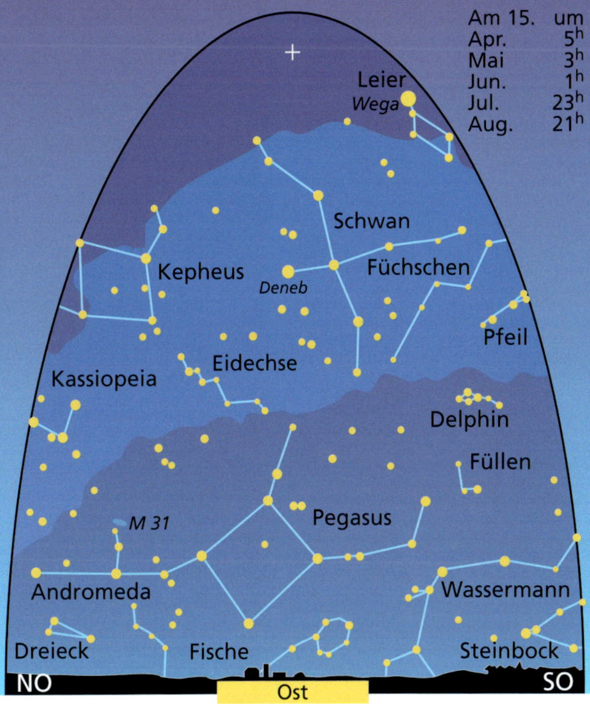

Hoch am Himmel ziehen die Sternbilder *Leier* und *Schwan* ihrer Höchststellung am Südhimmel entgegen. Von NO rückt der *Kepheus* nach.

Halbhoch spannt sich eine Kette kleinerer Sternbilder von rechts nach links; sie umfaßt den *Pfeil* und das *Füchschen*, den *Delphin* und das *Füllen*, aber auch die *Eidechse* zwischen *Schwan* und *Kepheus* gehört noch dazu. Hellere Sterne fehlen hier.

Horizontnah zeichnet sich schon die nächste Trendwende ab, denn dort haben sich bereits etliche Herbststernbilder versammelt: *Steinbock* und *Wassermann* im SO, das geflügelte Roß *Pegasus* genau im O, noch darunter die *Fische* und ganz im NO die *Andromeda* und das *Dreieck*.

Die Milchstraße spannt sich in weitem Bogen von der *Kassiopeia* im NO bis zum *Schwan* im SO.

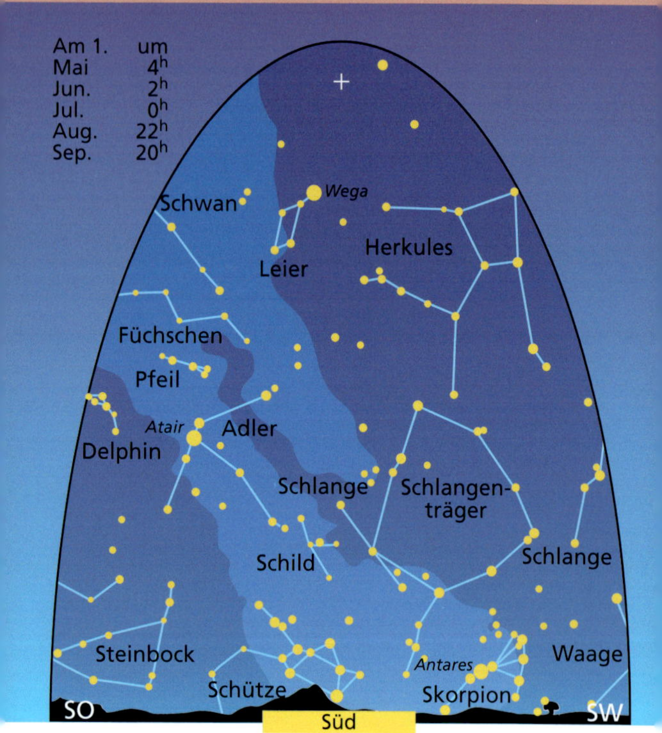

Hoch am Himmel leuchtet die helle Wega, der Hauptstern der *Leier*, sie hat ihre Höchststellung auf der Nord-Süd-Linie fast erreicht. Rechts von ihr hat *Herkules* bereits mit dem Abstieg begonnen, von links segelt der *Schwan* langsam ins Bild. Sein langgestreckter Hals reicht bis an das unauffällige *Füchschen* heran.

Halbhoch finden Sie die mächtige Gestalt des *Schlangenträgers* – eine große Sternleere, die von einer Kette lichtschwacher Sterne umrahmt wird. Von O folgen der *Schild* und der *Adler* mit dem hellen Atair sowie der *Pfeil* und der *Delphin*.

Horizontnah tauchen *Waage* und *Skorpion* bald schon wieder ab, während der nördliche Teil des *Schützen* gerade in die beste Position rückt.

Die Milchstraße entfaltet zwischen *Schild*, *Skorpion* und *Schütze* ihre größte Helligkeit.

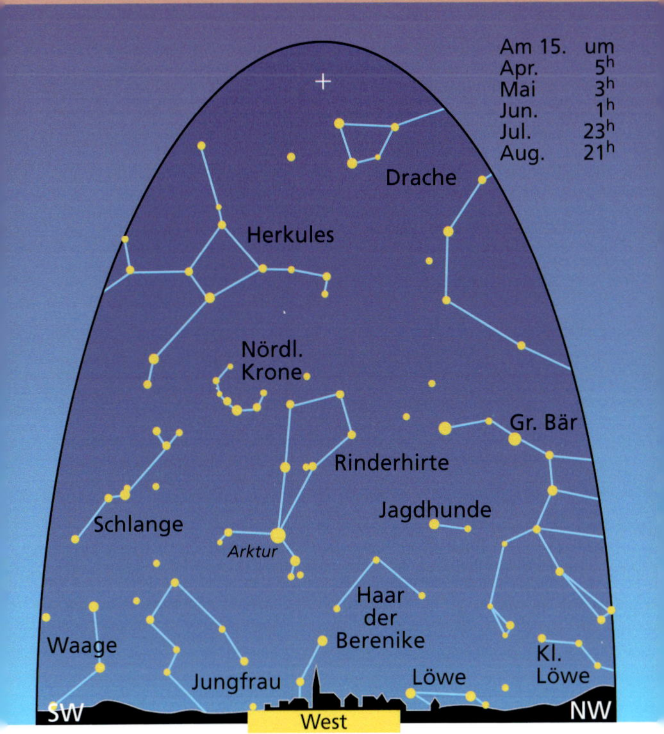

Hoch am Himmel ragt der Kopf des *Drachen* in den Kartenausschnitt hinein. In dieser Perspektive kann der *Drache* sich – wenn auch nur scheinbar – über den *Herkules* im SW erheben.

Halbhoch trifft Ihr Blick auf das Halbrund der *Nördlichen Krone* und den *Rinderhirten*, der jetzt wie ein riesiger Papierdrachen aussieht, mit dem orangerötlichen Arktur am Schwanzansatz. Nach links schließt sich der Kopf der *Schlange* an, nach rechts entschwinden die *Jagdhunde* und der *Große Bär* Ihrem Blick.

Horizontnah finden Sie die Reste von gleich vier Sternbildern, die schon teilweise untergegangen sind: von der *Waage* im SW über die *Jungfrau* im W, den *Löwen* im WNW und den *Kleinen Löwen* ganz im NW. Einzig das *Haar der Berenike* steht noch hoch genug und daher vollständig über dem Horizont.

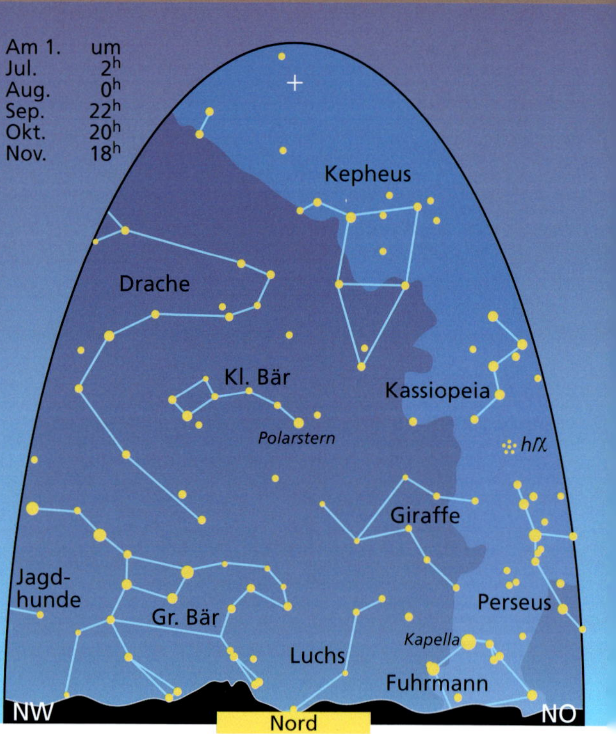

Hoch am Himmel strebt das Sternbild *Kepheus* seiner Höchststellung auf der Nord-Süd-Linie entgegen; seine Umrisse ähneln denen eines Bleistiftstummels.

Halbhoch folgen ihm im NO das Himmels-W der *Kassiopeia* und die unscheinbare *Giraffe* sowie – noch etwas tiefer – der *Perseus*, während im NW der *Drache* langsam vom Himmel herabsteigt. Der *Kleine Bär* ragt derzeit vom Polarstern nach Westen.

Horizontnah schleifen die Füße des *Großen Bären* im NW fast über den Boden. Vom *Luchs* ragt nur noch ein Teil über den Nordhorizont; weil seine Sterne nicht sehr hell sind, ist er ist allerdings nicht leicht zu identifizieren. Dagegen hat Kapella im *Fuhrmann* die horizontnahen Dunstschichten bereits überwunden und steigt langsam höher hinauf; sie ist gleichsam die erste Mahnung dafür, daß der nächste Winter nicht mehr weit sein kann.

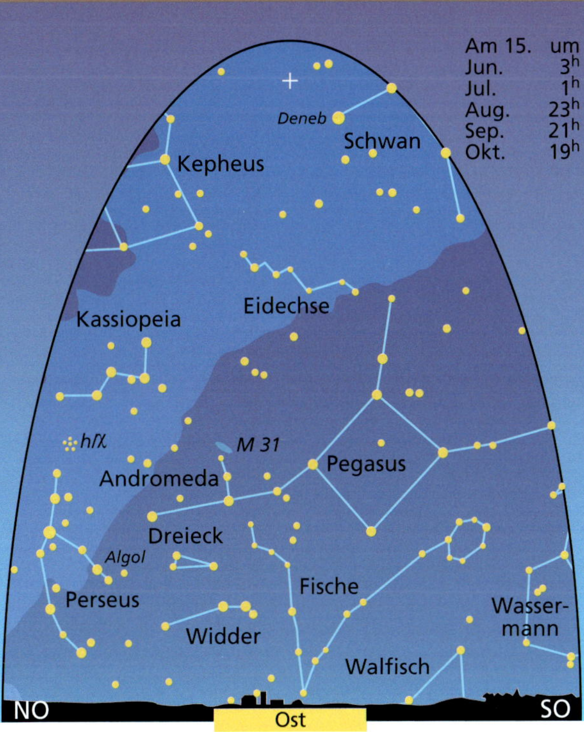

Hoch am Himmel entschwindet der *Schwan* nach Süden; nur der Schwanz mit dem hellen Deneb ragt noch in den Kartenausschnitt hinein. Wenig auffällig ist dagegen der *Kepheus,* der im NO seiner Höchststellung entgegenstrebt.

Halbhoch trifft Ihr Blick auf das *Pegasus*-Viereck, das eigentlich besser Herbstviereck genannt wird, weil der linke obere Eckstern (an der Grenze zur *Andromeda*) nicht mehr zum *Pegasus* gehört, sondern Hauptstern der *Andromeda* ist. Die Vorderläufe des kopfüber dahinsegelnden Pferdes reichen bis an die *Eidechse* heran, die Rolle der Hinterläufe wird von der Sternenkette der *Andromeda* übernommen.

Horizontnah finden Sie die unauffälligen *Fische* sowie das *Dreieck* und den *Widder.*

Die Milchstraße steigt steil im NO empor.

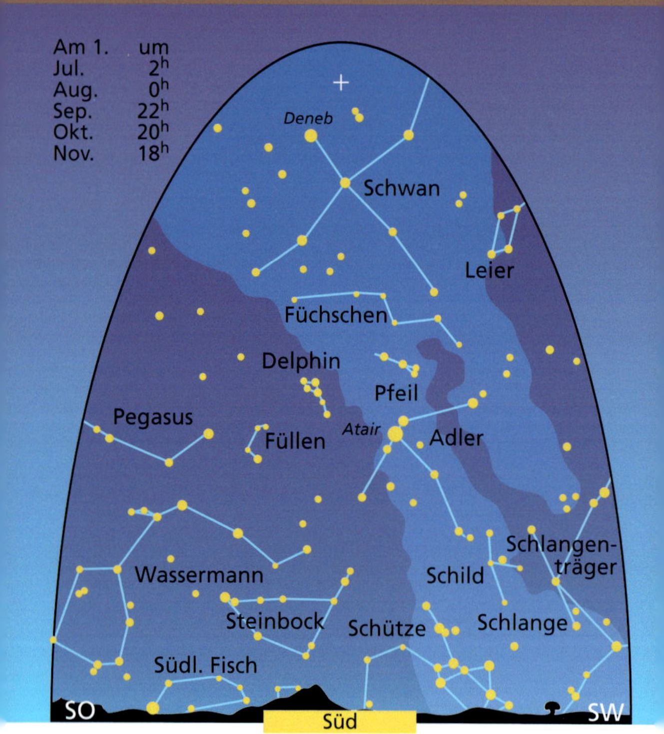

Hoch am Himmel beherrscht der *Schwan* die Szene. Seinen Hauptstern Deneb finden Sie jetzt unweit vom Zenit, dem Scheitelpunkt des Himmels.

Halbhoch hat der *Adler* mit seinem Hauptstern Atair seine Höchststellung im Süden bereits überschritten. Die Umrisse dieses Sternbilds erinnern an einen etwas verbogenen Anker. Zwischen ihm und dem *Schwan* können Sie nach den kleineren Sternbildern *Füchschen*, *Pfeil* und *Delphin* Ausschau halten. Weiter östlich folgen das *Füllen* und, näher zum Horizont, der *Wassermann*.

Horizontnah strebt der *Schütze* seinem Untergang entgegen, und auch der Schwanz der *Schlange* und der *Schild* verschwinden bald, während der *Steinbock* auf seine Südstellung zuläuft.

Die Milchstraße verläuft als hell schimmerndes Band vom Zenit nach SW.

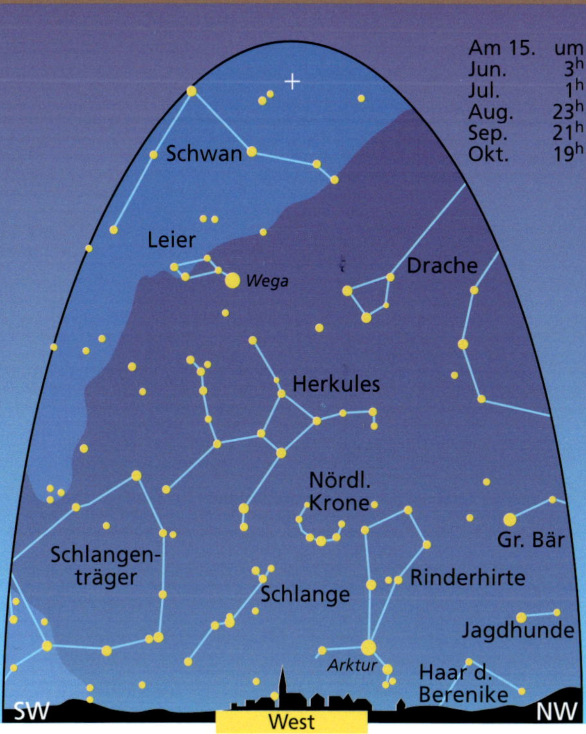

Hoch am Himmel ragt eine der Schwingen des *Schwans* ins Gesichtsfeld. Darunter erkennen Sie das kleine Sternparallelogramm der *Leier* mit der hellen Wega, dem fünfthellsten Stern am irdischen Firmament; rechts daneben lauert der Kopf des *Drachen*.

Halbhoch neigt sich der *Herkules* allmählich seinem Untergang zu. Der Riese, der kopfüber am Himmel steht, hält den nahen *Drachen* im Zaum.

Horizontnah verabschieden sich die letzten Frühlingssternbilder: Das *Haar der Berenike* ist bereits im Horizontdunst verschwunden, der helle Arktur im *Rinderhirten* wird ihm bald folgen, und auch die *Schlange* und der *Schlangenträger* können sich jetzt nicht mehr lange halten. Einzig die *Nördliche Krone* bleibt noch ein wenig länger zu beobachten.

Die Milchstraße erfüllt den zenitnahen Bereich.

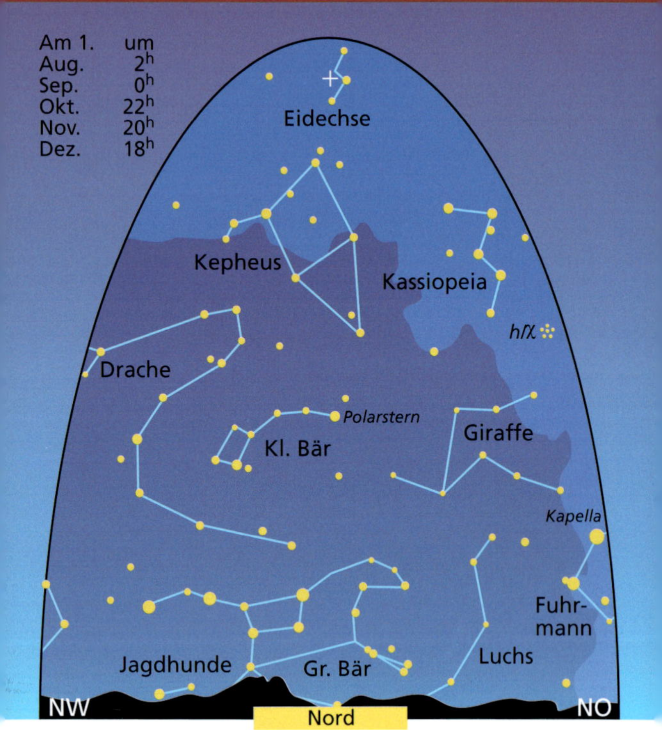

Hoch am Himmel erreicht der *Kepheus* seine Höchststellung zwischen Polarstern und dem Zenit. Die Umrisse des wenig auffälligen Sternbildes erinnern in dieser Stellung an eine riesige Eistüte, deren Spitze etwa in Richtung Polarstern zeigt. Weiter rechts steht das Himmels-W der *Kassiopeia*, das jetzt eher wie eine krakelig geschriebene „3" erscheint.

Halbhoch fehlen hellere Sterne weitgehend – nur der Polarstern fällt hier auf. Von ihm aus erstreckt sich der *Kleine Bär* in westlicher Richtung und zwingt so den *Drachen* zu einem weiten Bogen. Im NO gewinnt die *Giraffe* langsam an Höhe.

Horizontnah scheint der *Große Bär* jetzt über die Erde zu laufen und Jagd auf den vorauseilenden *Luchs* zu machen.

Die Milchstraße ist im Zenitbereich zu erkennen.

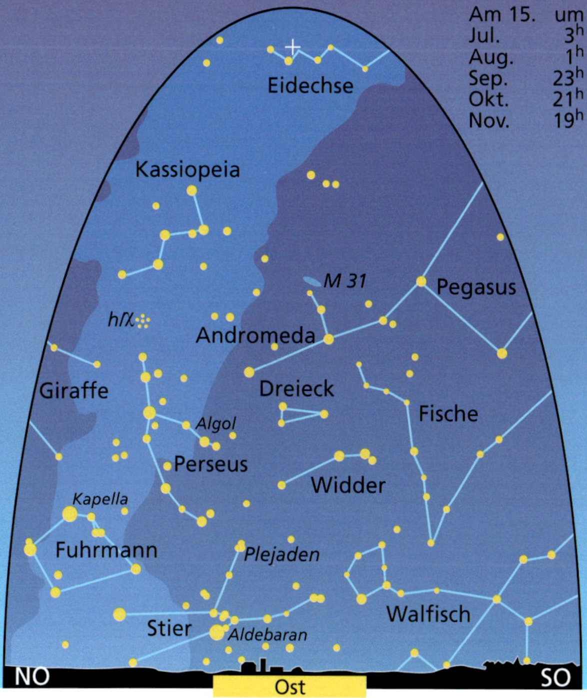

Hoch am Himmel fehlen wieder einmal hellere Sterne. Dort schlängelt sich lediglich die *Eidechse* dahin, deren Hauptteil wie eine Miniaturausgabe vom Himmels-W der benachbarten *Kassiopeia* erscheint.

Halbhoch leuchtet jetzt die „Lichterkette" der *Andromeda* mit M 31, der nächsten größeren Nachbar-Milchstraße. Links darunter erkennen Sie die etwas verbogene Wünschelrute des Sternbildes *Perseus* sowie die *Fische*, das *Dreieck* und den *Widder*.

Horizontnah erweist sich der Sternhaufen der Plejaden im Sternbild *Stier* als Blickfang. Nach rechts schließt sich der wenig auffällige *Walfisch* an, von links rückt der *Fuhrmann* mit der hellen Kapella als Vorbote des nahen Winterhimmels nach.

Die Milchstraße steigt im NO empor, ist aber in diesem Bereich nicht besonders auffällig.

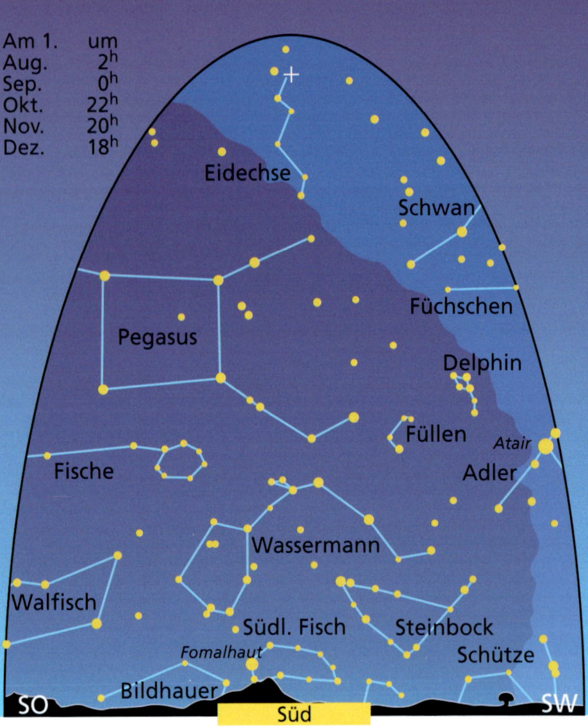

Hoch am Himmel werden Sie keine hellen Sterne finden, denn die *Eidechse*, die sich dort entlangschlängelt, kann nur mit Sternen der vierten Größenklasse und darunter aufwarten.

Halbhoch strebt der *Pegasus* seiner Höchststellung entgegen; bis auf die Eckpunkte des Herbstvierecks steuert auch er keine helleren Sterne bei, vom vorauseilenden *Füllen* ganz zu schweigen.

Horizontnah passiert der unauffällige *Wassermann* gerade die Nord-Süd-Linie und damit seine Höchststellung. Rechts unterhalb finden Sie den ebenfalls wenig auffälligen *Steinbock*, während tief im Süden einzig Fomalhaut, der Hauptstern im *Südlichen Fisch*, zu erkennen ist. Von Südosten folgen das Sternbild der *Fische* und der *Walfisch*.

Die Milchstraße ist im SW zu finden.

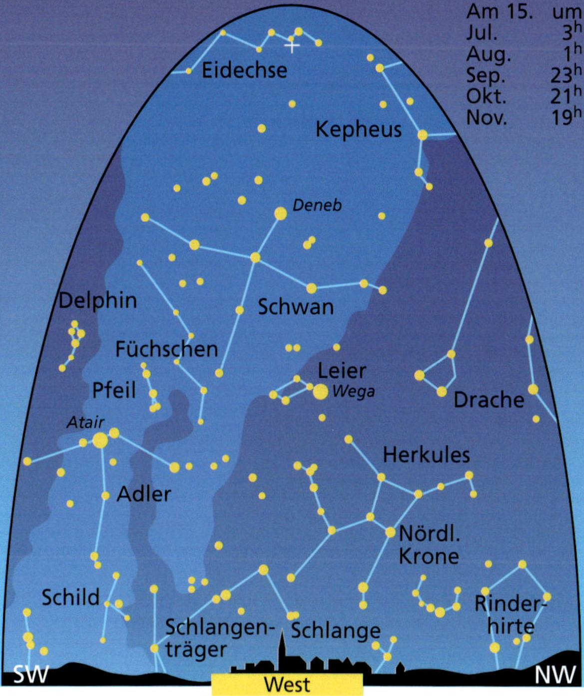

Hoch am Himmel teilen sich *Schwan*, *Kepheus* und *Eidechse* die an hellen Sternen arme Region um den Zenit. Darunter segelt der *Schwan* mit ausgebreiteten Schwingen im Sturzflug in Richtung Horizont.

Halbhoch bereitet sich der *Adler* auf die Landung am Westhorizont vor; ihm folgen das *Füchschen*, der *Pfeil* und der *Delphin* mit seiner markanten kleinen Sternraute. Weiter im W leuchtet die helle Wega, Hauptstern der *Leier*, und rechts daneben markiert ein kleines Sternviereck den Kopf des *Drachen*.

Horizontnah warten *Herkules* und die *Nördliche Krone* auf den Untergang, der den *Rinderhirten*, die *Schlange* und den *Schlangenträger* bereits erfaßt hat. Auch der *Schild* wird bald im SW verschwinden.

Die Milchstraße ragt im SW steil nach oben und erstreckt sich durch *Adler* und *Schwan* bis zum *Kepheus*.

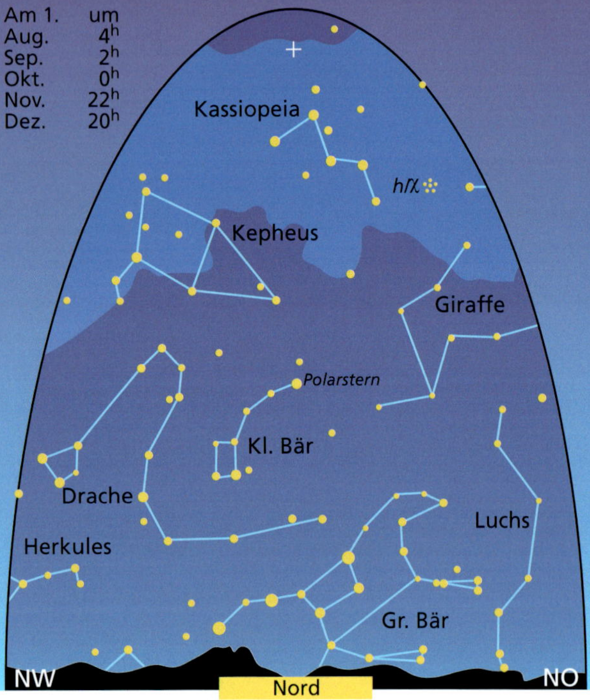

Hoch am Himmel erreicht die *Kassiopeia* bald ihre höchste Stellung zwischen dem Polarstern und dem Zenit; bei Zirkumpolarsternbildern spricht man in diesem Zusammenhang von der „oberen Kulmination". In dieser Position erscheint sie nahezu als Himmels-„M". Auch der *Kepheus* und die *Giraffe* stehen noch höher als der Polarstern, der Hauptstern im *Kleinen Bären*.

Halbhoch windet sich der *Drache* von NW her in weitem Bogen um den *Kleinen Bären* mit dem Polarstern.

Horizontnah hat der *Große Bär/ Große Wagen* seine Tiefststellung im Norden (die untere Kulmination) bereits überschritten und beginnt nun im NO allmählich mit dem Wiederaufstieg. Er folgt darin dem *Luchs*, den Sie jetzt steil aufgerichtet über dem NO-Horizont finden können.

Die Milchstraße erstreckt sich jetzt hoch über den Nordhimmel.

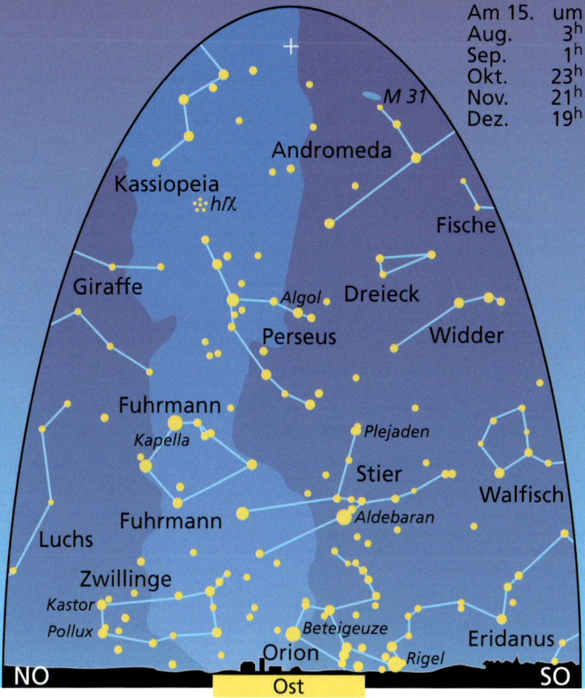

★ **Hoch am Himmel** entschwindet die *Andromeda* mit dem berühmten Andromeda-Nebel (M 31) zusammen mit *Dreieck* und *Widder* langsam in südlicher Richtung. Nach links schließen sich der *Perseus* und die *Kassiopeia* an.

★ **Halbhoch** künden der *Fuhrmann* mit der hellen Kapella sowie der *Stier* mit den Plejaden und dem rötlich leuchtenden Aldebaran den nächsten Winter an; Aldebaran sitzt an der Spitze einer V-förmigen Sterngruppe, dem Sternhaufen der Hyaden (Regengestirn).

★ **Horizontnah** steigen die *Zwillinge* mit Kastor und Pollux empor, im Osten taucht der Himmelsjäger *Orion* mit Beteigeuze, Rigel und den markanten drei Gürtelsternen auf, und im SO windet sich der Fluß *Eridanus* seiner Mündung am Südhimmel entgegen.

★ **Die Milchstraße** enthält im *Fuhrmann* und *Perseus* einige schöne Sternhaufen.

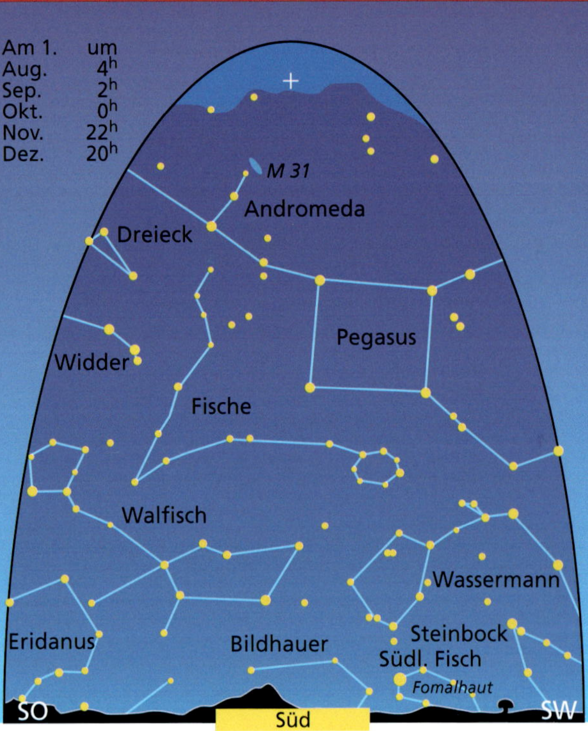

Hoch am Himmel finden Sie jetzt das geflügelte Roß *Pegasus*, das die Nord-Süd-Linie bereits überschritten hat; sein Rumpf wird von einem großen Sternviereck markiert, dessen linker oberer Eckpunkt aber schon zur benachbarten *Andromeda* gehört. In der *Andromeda* können Sie in einer mondscheinlosen Nacht nach M 31 suchen, der nächsten großen Nachbargalaxie unserer Milchstraße.

Halbhoch tummeln sich die *Fische* und der *Walfisch* scheinbar in dem Wasser, das der *Wassermann* im SW ausgegossen hat.

Horizontnah setzt sich dieses „Feuchtbiotop“ in Gestalt der Sternbilder *Südlicher Fisch* und Fluß *Eridanus* fort, und bei den Babyloniern zählte auch noch der *Steinbock*, der ursprünglich als „Ziegenfisch“ bezeichnet wurde, zu dieser Gruppe dazu.

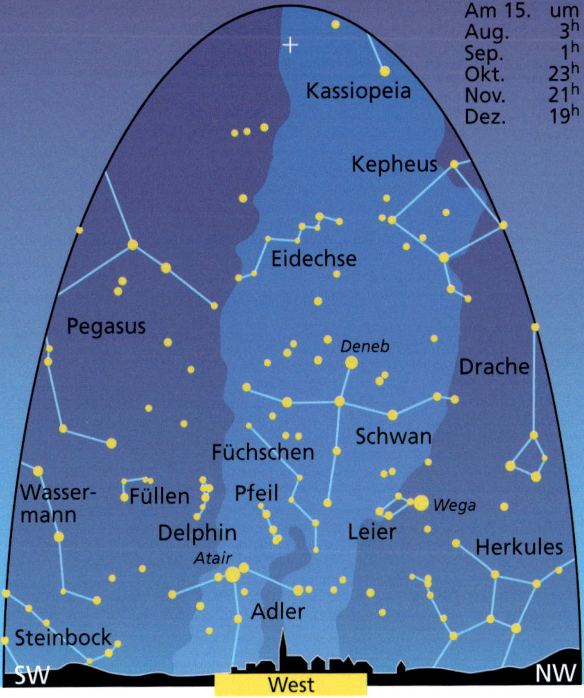

Hoch am Himmel fehlen hellere Sterne nahezu völlig, und so enthält dieser Teil auch keine markanten Sternbilder – die *Eidechse* ist erst im späten 17. Jahrhundert gleichsam als Lückenfüller zwischen *Pegasus* und *Kepheus* eingeführt worden.

Halbhoch setzt der *Schwan* seinen Sinkflug fort; er lenkt den Blick noch einmal auf das Sommerdreieck aus Deneb, dem Hauptstern im *Schwan*, Wega (in der *Leier*) und Atair (im *Adler*), der bald als erster dieser drei im Westen versinken wird. Zwischen *Schwan* und *Adler* finden Sie mit dem *Füchschen* noch ein weiteres „modernes“ Sternbild; dagegen waren der *Pfeil*, der *Delphin* und das *Füllen* schon den Griechen im Altertum bekannt.

Horizontnah verabschieden sich der *Herkules* im NW und der *Steinbock* im SW.

Die Milchstraße steigt im Westen steil empor.

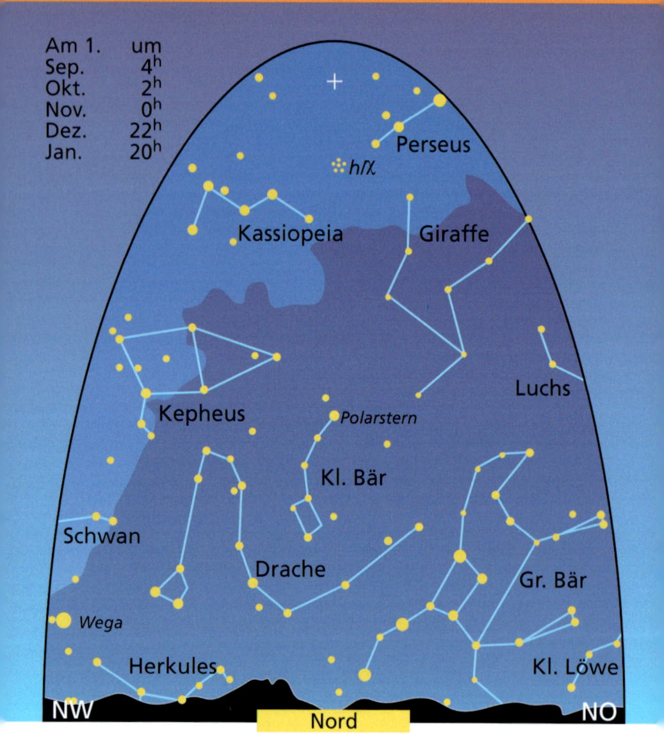

Hoch am Himmel treffen die drei Sternbilder *Kassiopeia, Perseus* und *Giraffe* zusammen. Mit einem Fernglas finden Sie dort die beiden Sternhaufen h und chi im Perseus, die dem bloßen Auge nur als verwaschene Lichtflecken erscheinen. *Kassiopeia* hat ihre Höchststellung bereits überschritten und mit dem Abstieg begonnen.

Halbhoch eilt ihr im NW der *Kepheus* voran, ihr Gemahl; noch aber steht er höher am Himmel als der Polarstern, von dem der *Kleine Bär* jetzt ziemlich senkrecht nach unten herunter„hängt".

Horizontnah zwängt sich der *Drache* zwischen dem *Kleinen Bären* und dem Nordhorizont hindurch; *Herkules,* sein Bezwinger, ist bereits weitgehend versunken, während der *Große Bär/Große Wagen* im NO zu neuen Höhenflügen ansetzt.

Die Milchstraße ist am Nordhimmel wenig auffällig.

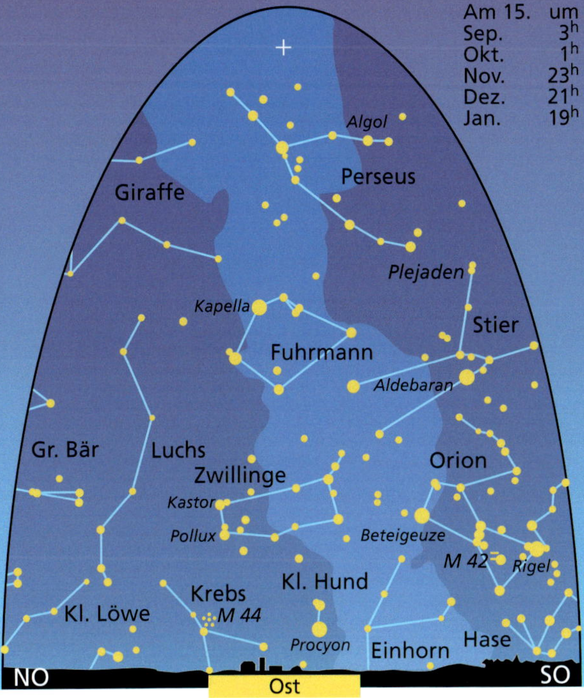

Hoch am Himmel lenkt *Perseus*, ein Held der griechischen Sagenwelt, die Blicke auf sich. Die Umrisse dieses Sternbilds erinnern an eine etwas verwachsene Wünschelrute, an deren rechtem Griff der veränderliche Stern Algol alle paar Tage langsam „blinkt". Im Vergleich dazu ist die *Giraffe* ziemlich unauffällig.

Halbhoch wechselt der *Stier* mit den Plejaden bald an den Südhimmel. Mit seinen Hörnern droht er dem *Fuhrmann*, dem er bereits einen Stern „abgenommen" hat (die obere Hornspitze wurde früher zum Fuhrmann gezählt), und dem Himmelsjäger *Orion*, der seinen Schild schützend über sich hält. Auch die *Zwillinge* mit Kastor und Pollux sind schon höher gestiegen.

Horizontnah folgen der *Hase*, das *Einhorn*, der *Kleine Hund* und der *Krebs*.

Die Milchstraße fällt am Winterhimmel kaum auf.

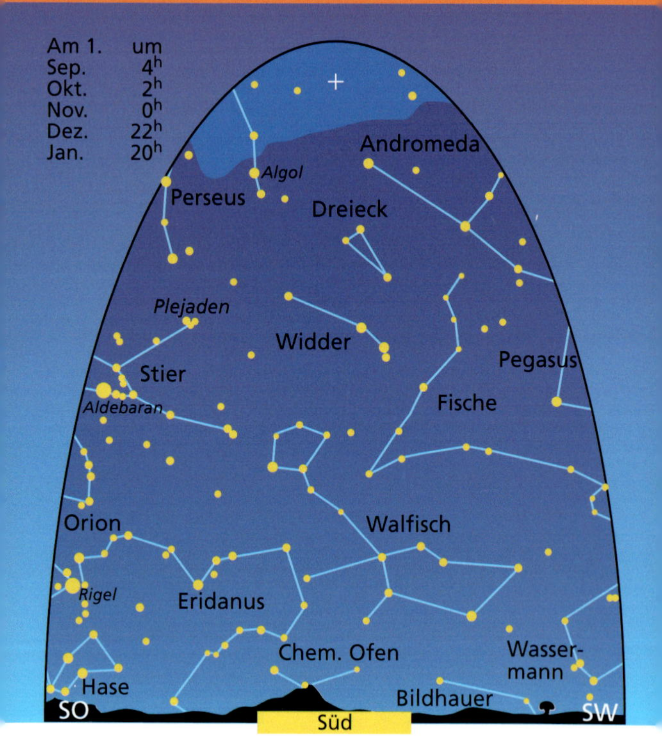

Hoch am Himmel verläßt die *Andromeda* die Nord-Süd-Linie, die das *Dreieck* und der *Widder* gerade überschritten haben; ihnen wird bald der *Perseus* folgen.

Halbhoch finden Sie im Süden den Kopf des *Walfischs,* der allerdings keine sehr hellen Sterne enthält. Der Rumpf des Meeresungeheuers, das auf Geheiß des Meeresgottes Poseidon die Gestade Äthiopiens heimsuchen sollte, reicht weit nach SW. Rechts darüber tummeln sich die *Fische,* die ebenfalls ohne wirklich helle Sterne auskommen müssen.

Horizontnah strömt der Fluß *Eridanus* in weitem Bogen nach Süden; seine Quelle hat er unweit von Rigel, dem weißlichen rechten Fußstern des Himmelsjägers *Orion.* Der *Hase,* der gerade im SO über den Horizont steigt, scheint sich an dem frischen Quellwasser laben zu wollen.

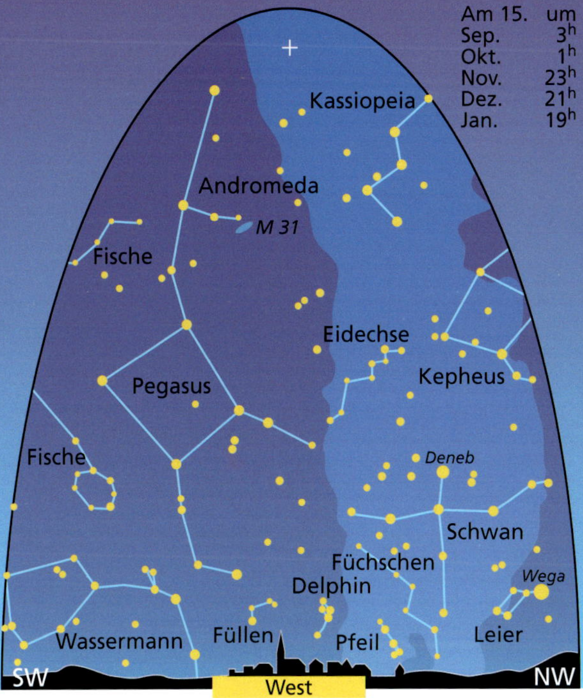

Hoch am Himmel reicht die Sternenkette der *Andromeda* bis nahe an den Zenitpunkt heran. Rechts davon erkennen Sie *Kassiopeia*, die Mutter der *Andromeda.*

Halbhoch steht das Herbstviereck, das den Rumpf des *Pegasus* markiert, auf der rechten unteren Spitze, an der der Hals des kopfüber am Himmel schwebenden geflügelten Rosses ansetzt; die Vorderläufe scheinen gleich auf die *Eidechse* herabzusausen. Im NW steuert der *Kepheus* seiner Tiefststellung über dem Nordhorizont entgegen.

Horizontnah hat der *Schwan* zum Sturzflug angesetzt; seine Umrisse erinnern jetzt an ein großes Kreuz, das über dem NW-Horizont schwebt – der *Schwan* wird daher auch oft als „Kreuz des Nordens“ bezeichnet. *Füchschen, Pfeil, Delphin* und *Füllen* werden bald ebenso verschwinden wie der *Wassermann* im SW.

Die Milchstraße ragt im NW steil empor.

Das Sternbild **ADLER** (lateinisch Aquila, Abk. Aql) kulminiert im Juli gegen 24 Uhr.
Es grenzt im Norden an den Pfeil, im Westen an den Herkules, den Schlangenträger, die Schlange und den Schild, im Süden an den Schützen und den Steinbock sowie im Osten an den Wassermann und den Delphin. Das äquatornahe Sternbild ist nördlich von 78 Grad und südlich von –71 Grad geografischer Breite nicht vollständig sichtbar.
Mit einer Fläche von 652 Quadratgrad steht es in der nach Größe sortierten Liste der Sternbilder auf Platz 22.

★ hellster Stern: α Aql – Atair ($0{,}8^m$, 17 LJ entfernt)
★ bekannter Veränderlicher: η Aql ($3{,}6^m$–$4{,}5^m$, Periode 7,2 Tage)

Besonderheiten: Atair markiert den südlichsten Eckpunkt des Großen Sommerdreiecks; die beiden anderen Eckpunkte sind Wega (in der Leier) und Deneb (im Schwan). Der veränderliche Stern η Aql gehört zur Klasse der Pulsationsveränderlichen vom Typ δ Cephei, die in regelmäßigem Rhythmus ihre äußere Hülle aufblähen und wieder schrumpfen lassen.

Das Sternbild **ANDROMEDA** (lateinisch Andromeda, Abk. And) kulminiert im Oktober gegen 24 Uhr.
Es grenzt im Norden an die Kassiopeia, im Westen an die Eidechse und den Pegasus, im Süden an die Fische und das Dreieck sowie im Osten an den Perseus. Das Sternbild ist nördlich von 68 Grad geografischer Breite zirkumpolar, jenseits von –36 Grad dagegen nicht mehr vollständig sichtbar.
Mit einer Fläche von 722 Quadratgrad steht es in der nach Größe sortierten Liste der Sternbilder auf Platz 19.

★ hellster Stern: α And – Alpheratz ($2{,}1^m$, 97 LJ entfernt)
★ bekannter Doppelstern: γ And ($2{,}3^m/5{,}0^m$, Distanz 9,6 Bogensekunden)
★ hellster Nebel: M 31 – *Andromeda-Nebel* (4. Größenklasse), mit einer Entfernung von rund 2,9 Millionen Lichtjahren die nächste große Nachbargalaxie

Besonderheit: Der *Andromeda-Nebel* kann von dunklen Standorten fernab störender Stadtlichter bereits mit bloßem Auge als nebliger Fleck gesehen werden – er ist damit das am weitesten entfernte Objekt, das ohne optische Hilfsmittel zu beobachten ist. In einem Fernglas erscheint der *Andromeda-Nebel* als ein länglicher Nebelfleck, und mit einem Fernrohr lassen sich auch seine beiden Begleiter-Systeme (NGC 205 und M 32) erkennen.

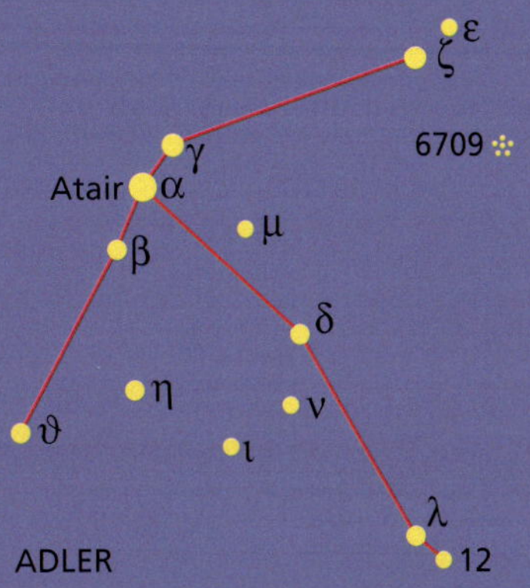

ε
ζ
6709
γ
Atair
α
μ
β
δ
η
ν
ϑ
ι
λ
12
ADLER

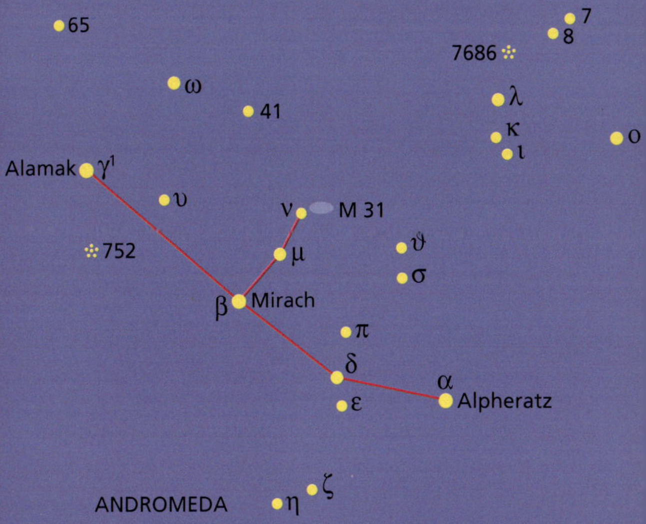

65
7
8
7686
ω
41
λ
κ
ο
ι
Alamak
γ1
υ
ν
M 31
752
μ
ϑ
σ
β
Mirach
π
δ
α
ε
Alpheratz
ζ
ANDROMEDA
η

Das Sternbild **BECHER** (lateinisch Crater, Abk. Crt) kulminiert im März gegen 24 Uhr.
Es grenzt im Norden an die Jungfrau und den Löwen, im Westen an den Sextanten und die Wasserschlange, im Süden an die Wasserschlange sowie im Osten an den Raben und die Jungfrau. Das Sternbild ist südlich von –84 Grad geografischer Breite zirkumpolar, nördlich von 65 Grad dagegen nicht mehr vollständig sichtbar.
Mit einer Fläche von 282 Quadratgrad steht es in der nach Größe sortierten Liste der Sternbilder auf Platz 53.

★ hellster Stern: δ Crt – Alkes ($3{,}6^{m}$, 195 LJ entfernt)

Das Sternbild **DELPHIN** (lateinisch Delphinus, Abk. Del) kulminiert im Juli/August gegen 24 Uhr.
Es grenzt im Norden an das Füchschen, im Westen an den Pfeil und den Adler, im Süden an den Adler und den Wassermann sowie im Osten an das Füllen und den Pegasus. Das Sternbild ist nördlich von 88 Grad geografischer Breite zirkumpolar, jenseits von –69 Grad dagegen nicht mehr vollständig sichtbar.
Mit einer Fläche von 189 Quadratgrad steht es in der nach Größe sortierten Liste der Sternbilder auf Platz 69.

★ hellster Stern: β Del – Rotanev ($3{,}6^{m}$, 97 LJ entfernt)

Besonderheit: Bei den Eigennamen von β und α Del handelt es sich um die rückwärts geschriebene Form eines Namens (Nicolaus Venator): dies ist die latinisierte Form von Niccolo Cacciatore, dem Assistenten von Guiseppe Piazzi, der 1814 einen Katalog mit 7646 Sternen veröffentlichte.

Das Sternbild **DRACHE** (lateinisch Draco, Abk. Dra) kulminiert im Mai gegen 24 Uhr.
Es grenzt im Norden an den Kleinen Bären und die Giraffe, im Westen an die Giraffe und den Großen Bären, im Süden an den Rinderhirten, den Herkules, die Leier und an den Schwan sowie im Osten an den Kepheus. Das Sternbild ist nördlich von 42 Grad geografischer Breite zirkumpolar und jenseits von –4 Grad dagegen nicht mehr vollständig sichtbar.
Mit einer Fläche von 1083 Quadratgrad steht es in der nach Größe sortierten Liste der Sternbilder auf Platz 8.

★ hellster Stern: γ Dra – Etamin ($2{,}2^{m}$, 148 LJ entfernt)

Besonderheit: Im Sternbild Drache liegt der Pol der Ekliptik, jener Punkt, der genau über der Erdbahnebene steht.

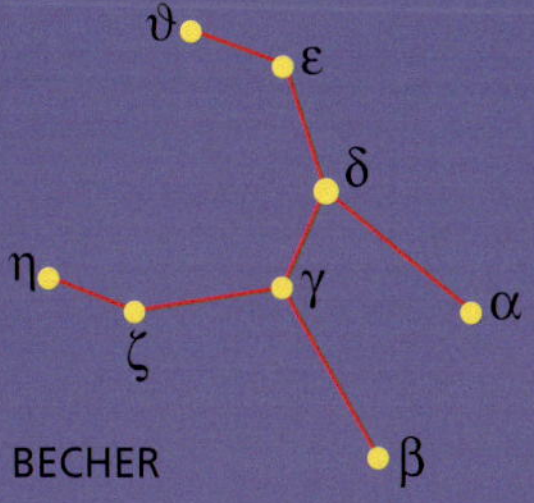
ϑ
ε
δ
η
γ
α
ζ
BECHER
β

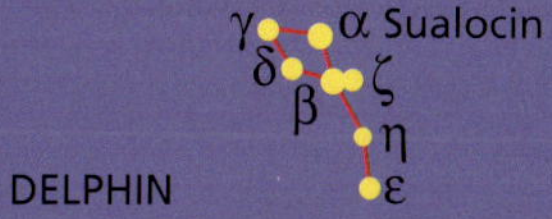
γ
α Sualocin
δ
β
ζ
η
DELPHIN
ε

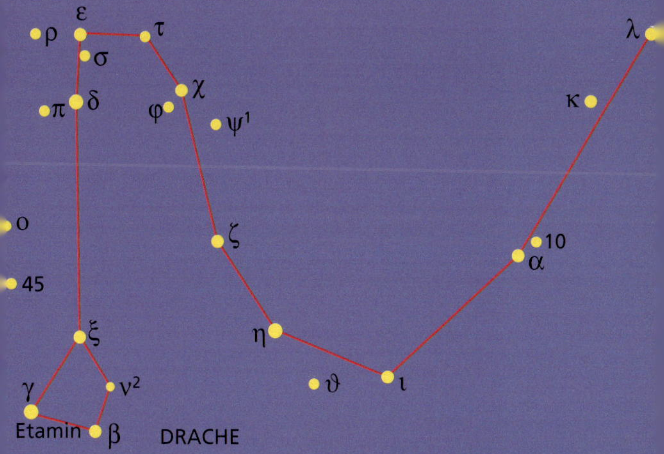
ε
ρ
τ
λ
σ
χ
κ
π
δ
φ
ψ¹
o
ζ
10
α
45
ξ
η
γ
ν²
ϑ
ι
Etamin
β
DRACHE

Das Sternbild **DREIECK** (lateinisch Triangulum, Abk. Tri) kulminiert im Oktober gegen 24 Uhr.
Es grenzt im Norden an die Andromeda, im Westen an die Fische, im Süden an den Widder sowie im Osten an den Perseus. Das Sternbild ist nördlich von 65 Grad geografischer Breite zirkumpolar, jenseits von –53 Grad dagegen nicht mehr vollständig sichtbar.
Mit einer Fläche von 132 Quadratgrad steht es in der nach Größe sortierten Liste der Sternbilder auf Platz 78.

★ hellster Stern: β Tri (3,0^m, 124 LJ entfernt)
★ hellster Nebel: M 33 – *Dreiecks-Nebel* (5. Größenklasse), eine nahe Spiralgalaxie

Besonderheit: Da wir nahezu senkrecht auf die Spiralgalaxie M 33 blicken, erscheint sie wesentlich dunkler als M 31 im Sternbild Andromeda.

Das Sternbild **EIDECHSE** (lateinisch Lacerta, Abk. Lac) kulminiert im August/September gegen 24 Uhr.
Es grenzt im Norden an den Kepheus, im Westen an den Schwan, im Süden an den Pegasus sowie im Osten an die Andromeda und die Kassiopeia. Das Sternbild ist nördlich von 54 Grad geografischer Breite zirkumpolar, jenseits von –23 Grad ist es dagegen nicht mehr vollständig sichtbar.
Mit einer Fläche von 201 Quadratgrad steht es in der nach Größe sortierten Liste der Sternbilder auf Platz 68.

★ hellster Stern: α Lac (3,8^m, 102 LJ entfernt)
★ hellster Nebel: NGC 7209 – offener Haufen mit etwa 50 Sternen ab 9. Größe

Das Sternbild **EINHORN** (lateinisch Monoceros, Abk. Mon) kulminiert im Januar gegen 24 Uhr.
Es grenzt im Norden an den Kleinen Hund und die Zwillinge, im Westen an den Orion, im Süden an den Großen Hund und das Hinterdeck sowie im Osten an die Wasserschlange. Das äquatornahe Sternbild ist nördlich von 79 Grad und südlich von –78 Grad geografischer Breite nicht vollständig sichtbar.
Mit einer Fläche von 482 Quadratgrad steht es in der nach Größe sortierten Liste der Sternbilder auf Platz 35.

★ hellster Stern: β Mon (3,8^m, 691 LJ entfernt)
★ bekannter Nebel: NGC 2264 – offener Haufen mit etwa 20 Sternen ab 6. Größe um S Mon (*Weihnachtsbaum-Haufen*), mit Dunkelwolke am Südende (*Konus-Nebel*)

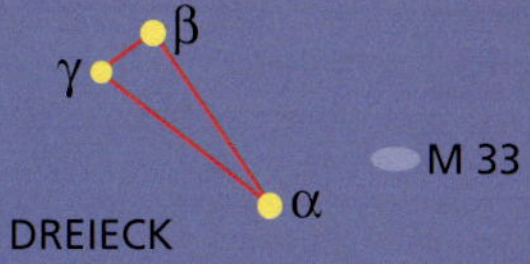
β
γ
M 33
α
DREIECK

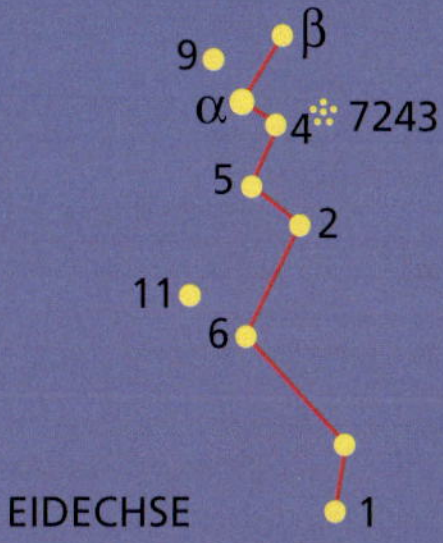
β
9
α
4
7243
5
2
11
6
EIDECHSE
1

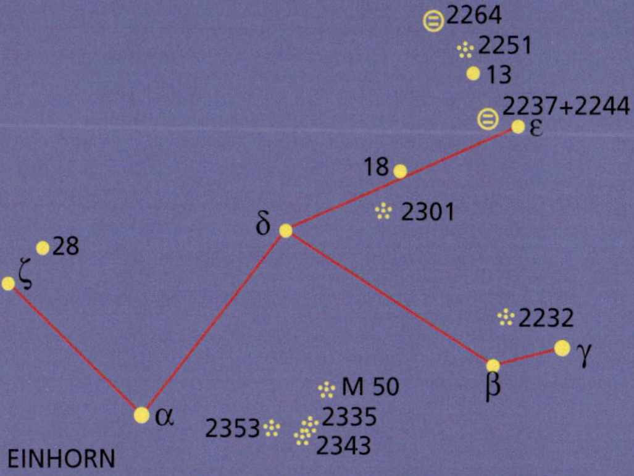
2264
2251
13
2237+2244
ε
18
2301
δ
28
ζ
2232
γ
β
M 50
α
2353
2335
2343
EINHORN

Das Sternbild **ERIDANUS** (lateinisch Eridanus, Abk. Eri) kulminiert im November gegen 24 Uhr.
Es grenzt im Norden an den Orion, den Stier und den Walfisch, im Westen an den Walfisch, den Chemischen Ofen und den Phönix, im Süden an die Kleine Wasserschlange sowie im Osten an die Pendeluhr, den Grabstichel, den Hasen und den Orion. Das Sternbild ist nur am Südpol zirkumpolar, nördlich von 32 Grad geografischer Breite dagegen nicht mehr vollständig sichtbar.
Mit einer Fläche von 1138 Quadratgrad steht es in der nach Größe sortierten Liste der Sternbilder auf Platz 6.

★ hellster Stern: α Eri – Achernar ($0{,}5^m$, 144 LJ entfernt, in Mitteleuropa unsichtbar)
★ bekannter Doppelstern: o^2 Eri ($4{,}4^m/9{,}5^m$, Distanz 83 Bogensekunden)

Besonderheiten: Der Stern ε Eri gehört zu den 10 nächsten Nachbarsternen der Sonne.
o^2 Eri ist ein Dreifach-System; der hellere der beiden Begleiter ist der am leichtesten zu beobachtende Weiße Zwerg.

Das Sternbild **FISCHE** (lateinisch Pisces, Abk. Psc) kulminiert im September/Oktober gegen 24 Uhr.
Es grenzt im Norden an die Andromeda und den Pegasus, im Westen an den Pegasus und den Wassermann, im Süden an den Wassermann und den Walfisch sowie im Osten an den Walfisch, den Widder und das Dreieck.
Das äquatornahe Sternbild ist nördlich von 84 Grad und südlich von –56 Grad geografischer Breite nicht vollständig sichtbar.
Mit einer Fläche von 889 Quadratgrad steht es in der nach Größe sortierten Liste der Sternbilder auf Platz 14.

★ hellster Stern: η Psc ($3{,}6^m$, 294 LJ entfernt)
★ bekannter Doppelstern: α Psc ($4{,}2^m/5{,}3^m$, Distanz 1,9 Bogensekunden)

Besonderheit: Im Westteil des Sternbilds Fische liegt heute der Frühlingspunkt, jene Stelle am Himmel, an der die Sonne auf ihrem Weg entlang der Ekliptik alljährlich um den 21. März den Himmelsäquator nach Norden überquert.

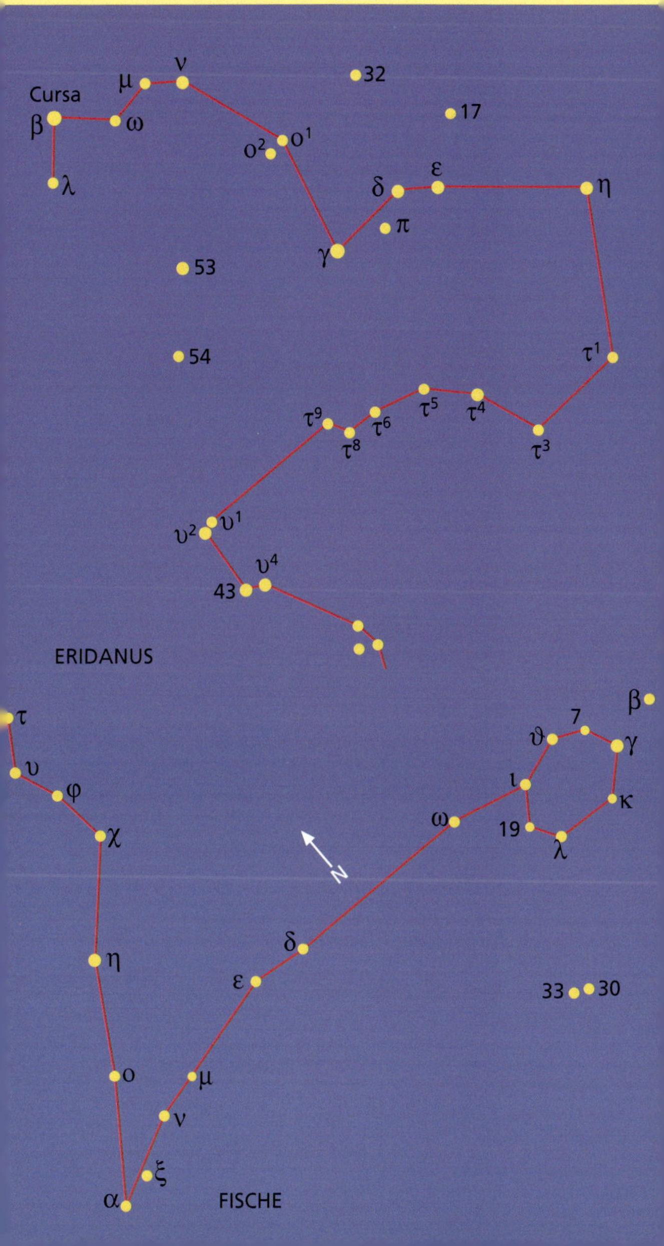

Cursa
β
λ
ω
μ
ν
32
17
ο¹
ο²
δ
ε
η
π
γ
53
54
τ¹
τ⁵
τ⁴
τ⁹
τ⁶
τ⁸
τ³
υ¹
υ²
υ⁴
43
ERIDANUS
τ
υ
φ
χ
η
ο
α
ξ
ν
μ
ε
δ
ω
N
β
7
ϑ
γ
ι
κ
19
λ
33
30
FISCHE

Das Sternbild **FÜCHSCHEN** (lateinisch Vulpecula, Abk. Vul) kulminiert im Juli gegen 24 Uhr.
Es grenzt im Norden an den Schwan und die Leier, im Westen an den Herkules, im Süden an den Pfeil und den Delphin sowie im Osten an den Pegasus. Das Sternbild ist nördlich von 71 Grad geografischer Breite zirkumpolar, jenseits von –61 Grad dagegen nicht mehr vollständig sichtbar.
Mit einer Fläche von 268 Quadratgrad steht es in der nach Größe sortierten Liste der Sternbilder auf Platz 55.

★ hellster Stern: α Vul ($4{,}4^m$, 296 LJ entfernt)

Das Sternbild **FUHRMANN** (lateinisch Auriga, Abk. Aur) kulminiert im Dezember gegen 24 Uhr.
Es grenzt im Norden an die Giraffe, im Westen an den Perseus, im Süden an den Stier und die Zwillinge sowie im Osten an den Luchs. Das Sternbild ist nördlich von 62 Grad geografischer Breite zirkumpolar, jenseits von –34 Grad dagegen nicht mehr vollständig sichtbar.
Mit einer Fläche von 657 Quadratgrad steht es in der nach Größe sortierten Liste der Sternbilder auf Platz 21.

★ hellster Stern: α Aur – Kapella ($0{,}1^m$, 42 LJ entfernt)

Das Sternbild **FÜLLEN** (lateinisch Equuleus, Abk. Equ) kulminiert im August gegen 24 Uhr.
Es grenzt im Norden an den Pegasus und den Delphin, im Westen an den Delphin, im Süden an den Wassermann sowie im Osten an den Pegasus. Das Sternbild ist nördlich von 88 Grad geografischer Breite zirkumpolar, jenseits von –77 Grad dagegen nicht mehr vollständig sichtbar.
Mit einer Fläche von 72 Quadratgrad steht es in der nach Größe sortierten Liste der Sternbilder auf Platz 87.

★ hellster Stern: α Equ – Kitalphar ($3{,}9^m$, 186 LJ entfernt)

Das Sternbild **GIRAFFE** (lateinisch Camelopardalis, Abk. Cam) kulminiert im Dezember gegen 24 Uhr.
Es grenzt im Norden an den Kleinen Bären und den Kepheus, im Westen an die Kassiopeia, im Süden an den Perseus, den Fuhrmann und den Luchs sowie im Osten an den Großen Bären, den Drachen und den Kleinen Bären. Das Sternbild ist nördlich von 37 Grad zirkumpolar, jenseits von –4 Grad dagegen nicht mehr vollständig sichtbar.
Mit einer Fläche von 757 Quadratgrad steht es in der nach Größe sortierten Liste der Sternbilder auf Platz 18.

★ hellster Stern: β Cam ($4{,}0^m$, 997 LJ entfernt)

GIRAFFE

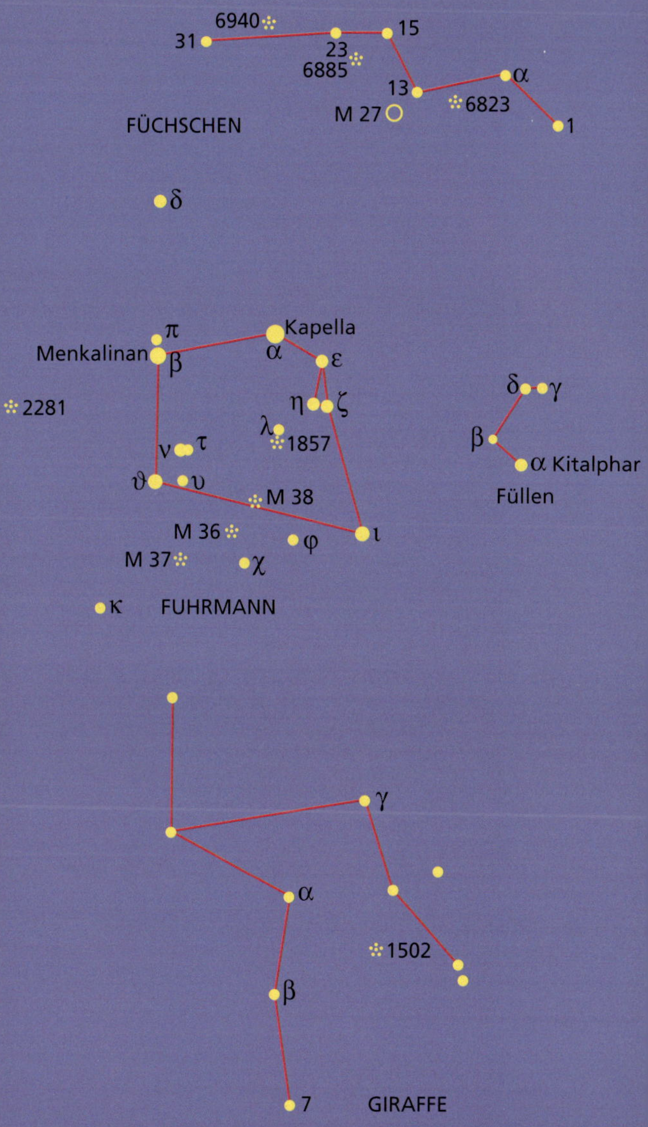
6940
31
23
15
6885
13
α
6823
M 27
1
FÜCHSCHEN
δ
π
Kapella
Menkalinan
β
α
ε
δ
γ
2281
η
ζ
λ
1857
β
ν
τ
α Kitalphar
ϑ
υ
M 38
Füllen
M 36
ι
φ
M 37
χ
κ
FUHRMANN
γ
α
1502
β
7
GIRAFFE

Das Sternbild **GROSSER BÄR** (lateinisch Ursa Major, Abk. UMa) kulminiert im März gegen 24 Uhr.
Es grenzt im Norden an den Drachen und die Giraffe, im Westen an die Giraffe und den Luchs, im Süden an den Kleinen Löwen, den Löwen und die Jagdhunde sowie im Osten an das Haar der Berenike, die Jagdhunde, den Rinderhirten und den Drachen. Das Sternbild ist nördlich von 62 Grad geografischer Breite zirkumpolar, jenseits von –17 Grad dagegen nicht mehr vollständig sichtbar.
Mit einer Fläche von 1280 Quadratgrad steht es in der nach Größe sortierten Liste der Sternbilder auf Platz 3.

★ hellster Stern: α UMa – Dubhe ($1{,}8^{m}$, 124 LJ entfernt)
★ bekannter Doppelstern: ζ UMa – Mizar ($2{,}3^{m}/3{,}9^{m}$, Distanz 14,4 Bogensekunden)
★ hellster Nebel: M 81 – Spiralgalaxie ($6{,}9^{m}$)

Besonderheiten: Die sechs hellsten Sterne des Großen Bären formen zusammen mit δ UMa (Megrez) die Umrisse des Großen Wagens, des wohl bekanntesten „Sternbilds". Wenn Sie die Verbindung zwischen Merak und Dubhe, den beiden hinteren „Kastensternen", über Dubhe hinaus verlängern, treffen Sie in einiger Entfernung auf den Polarstern, der die Nordrichtung zeigt.
Neben Mizar (ζ UMa), dem mittleren Deichselstern, können Sie im Abstand von 11,7 Bogenminuten (= 1/3 Vollmonddurchmesser) mit bloßem Auge einen Begleiter, Alcor, erkennen.

Das Sternbild **GROSSER HUND** (lateinisch Canis Major, Abk. CMa) kulminiert im Januar gegen 24 Uhr.
Es grenzt im Norden an das Einhorn, im Westen an den Hasen und die Taube, im Süden an die Taube und das Hinterdeck sowie im Osten an das Hinterdeck. Das Sternbild ist südlich von –79 Grad geografischer Breite zirkumpolar, nördlich von 57 Grad ist es dagegen nicht mehr vollständig sichtbar.
Mit einer Fläche von 380 Quadratgrad steht es in der nach Größe sortierten Liste der Sternbilder auf Platz 43.

★ hellster Stern: α CMa – Sirius ($-1{,}4^{m}$, 9 LJ entfernt)
★ hellster Nebel: NGC 2362 – offener Haufen aus etwa 40 Sternen um τ CMa

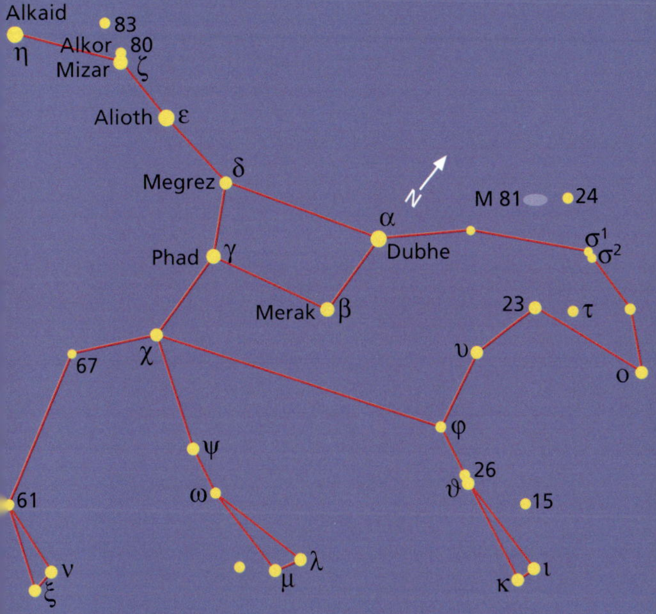

GROSSER BÄR

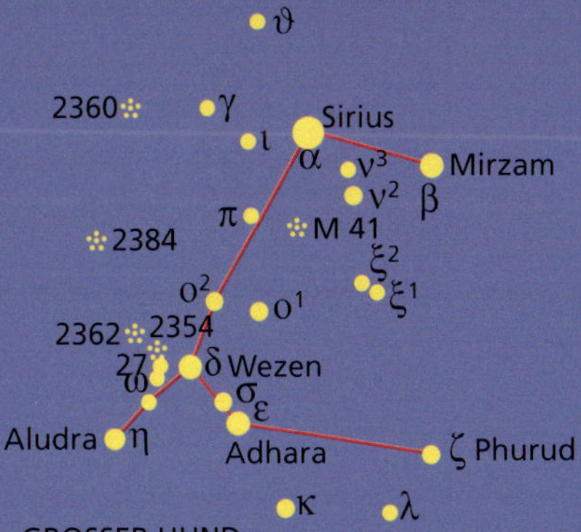

GROSSER HUND

Das Sternbild **HAAR DER BERENIKE** (lateinisch Coma Berenices, Abk. Com) kulminiert im April gegen 24 Uhr. Es grenzt im Norden an die Jagdhunde, im Westen an den Großen Bären und den Löwen, im Süden an die Jungfrau sowie im Osten an den Rinderhirten. Das Sternbild ist nördlich von 77 Grad geografischer Breite zirkumpolar, jenseits von –56 Grad dagegen nicht mehr vollständig sichtbar. Mit einer Fläche von 386 Quadratgrad steht es in der nach Größe sortierten Liste der Sternbilder auf Platz 42.

★ hellster Stern: β Com ($4{,}2^m$, 30 LJ entfernt)

Das Sternbild **HASE** (lateinisch Lepus, Abk. Lep) kulminiert im Dezember gegen 24 Uhr.
Es grenzt im Norden an das Einhorn und den Orion, im Westen an den Eridanus, im Süden an den Grabstichel und die Taube sowie im Osten an den Großen Hund. Das Sternbild ist südlich von –11 Grad geografischer Breite zirkumpolar, nördlich von 63 Grad dagegen nicht mehr vollständig sichtbar.
Mit einer Fläche von 290 Quadratgrad steht es in der nach Größe sortierten Liste der Sternbilder auf Platz 51.

★ hellster Stern: α Lep – Arneb ($2{,}6^m$, 1285 LJ entfernt)

Das Sternbild **HERKULES** (lateinisch Hercules, Abk. Her) kulminiert im Juni gegen 24 Uhr.
Es grenzt im Norden an den Drachen, im Westen an den Rinderhirten, die Nördliche Krone und die Schlange, im Süden an den Schlangenträger sowie im Osten an den Adler, den Pfeil, das Füchschen und die Leier. Das Sternbild ist nördlich von 86 Grad geografischer Breite zirkumpolar, jenseits von –29 Grad dagegen nicht mehr vollständig sichtbar. Mit einer Fläche von 1225 Quadratgrad steht es in der nach Größe sortierten Liste der Sternbilder auf Platz 5.

★ hellster Stern: α Her – Rasalgethi ($2{,}8^m$v, 382 LJ entfernt)
★ hellster Nebel: M 13 – kugelförmiger Sternhaufen ($5{,}9^m$), im Fernglas als verschwommen erscheinender Nebelfleck zu sehen, im Fernrohr Randpartien bei starker Vergrößerung in Sterne ab 11. Größe aufzulösen

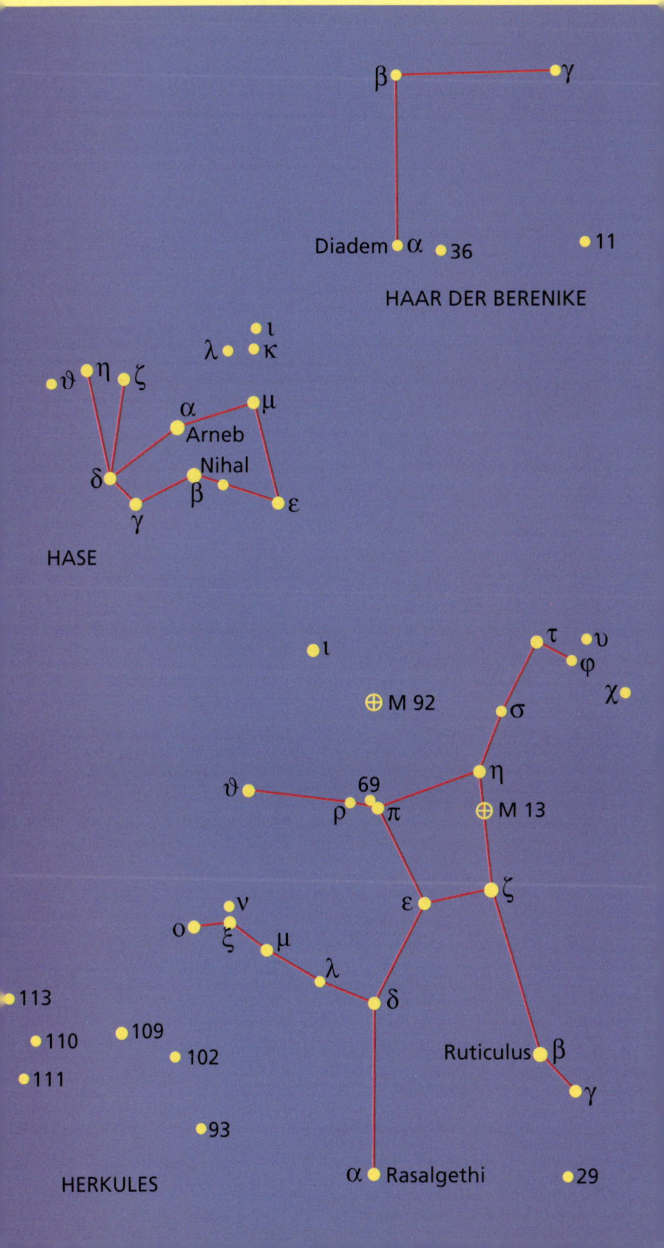
β
γ
Diadem α
36
11
HAAR DER BERENIKE
ι
λ
κ
ϑ
η
ζ
α
μ
Arneb
Nihal
δ
β
ε
γ
HASE
τ
υ
ι
φ
χ
M 92
σ
η
69
ϑ
ρ
π
M 13
ζ
ν
ε
ο
ξ
μ
λ
113
δ
109
110
102
Ruticulus β
111
γ
93
HERKULES
α Rasalgethi
29

Das Sternbild **JAGDHUNDE** (lateinisch Canes Venatici, Abk. CVn) kulminiert im April gegen 24 Uhr.
Es grenzt im Norden und Westen an den Großen Bären, im Süden an das Haar der Berenike sowie im Osten an den Rinderhirten. Das Sternbild ist nördlich von 62 Grad geografischer Breite zirkumpolar, jenseits von −38 Grad dagegen nicht mehr vollständig sichtbar.
Mit einer Fläche von 465 Quadratgrad steht es in der nach Größe sortierten Liste der Sternbilder auf Platz 38.

★ hellster Stern: α CVn – Cor Caroli ($2{,}9^m$, 110 LJ entfernt)
★ hellster Nebel: M 3 – kugelförmiger Sternhaufen ($6{,}4^m$), im Fernglas als Nebelfleck zu erkennen, Randgebiete im Fernrohr bei starker Vergrößerung aufzulösen

Das Sternbild **JUNGFRAU** (lateinisch Virgo, Abk. Vir) kulminiert im April gegen 24 Uhr.
Es grenzt im Norden an den Rinderhirten, das Haar der Berenike und den Löwen, im Westen an den Löwen und den Becher, im Süden an den Becher, den Raben, die Wasserschlange und die Waage sowie im Osten an die Waage und die Schlange. Das äquatornahe Sternbild ist nördlich von 67 Grad und südlich von −75 Grad geografischer Breite nicht vollständig sichtbar.
Mit einer Fläche von 1294 Quadratgrad steht es in der nach Größe sortierten Liste der Sternbilder auf Platz 2.

★ hellster Stern: α Vir – Spica ($1{,}0^m$, 262 LJ entfernt)
★ bekannter Doppelstern: γ Vir ($3{,}6^m/3{,}6^m$, Distanz 1,5 Bogensekunden)

Besonderheit: Der gegenseitige Abstand bei γ Vir geht bis zum Jahr 2006 auf 0,4 Bogensekunden zurück und steigt dann wieder rasch an (ab 2009 wieder mehr als 1 Bogensekunde); gleichzeitig verändert sich der Positionswinkel sehr stark.

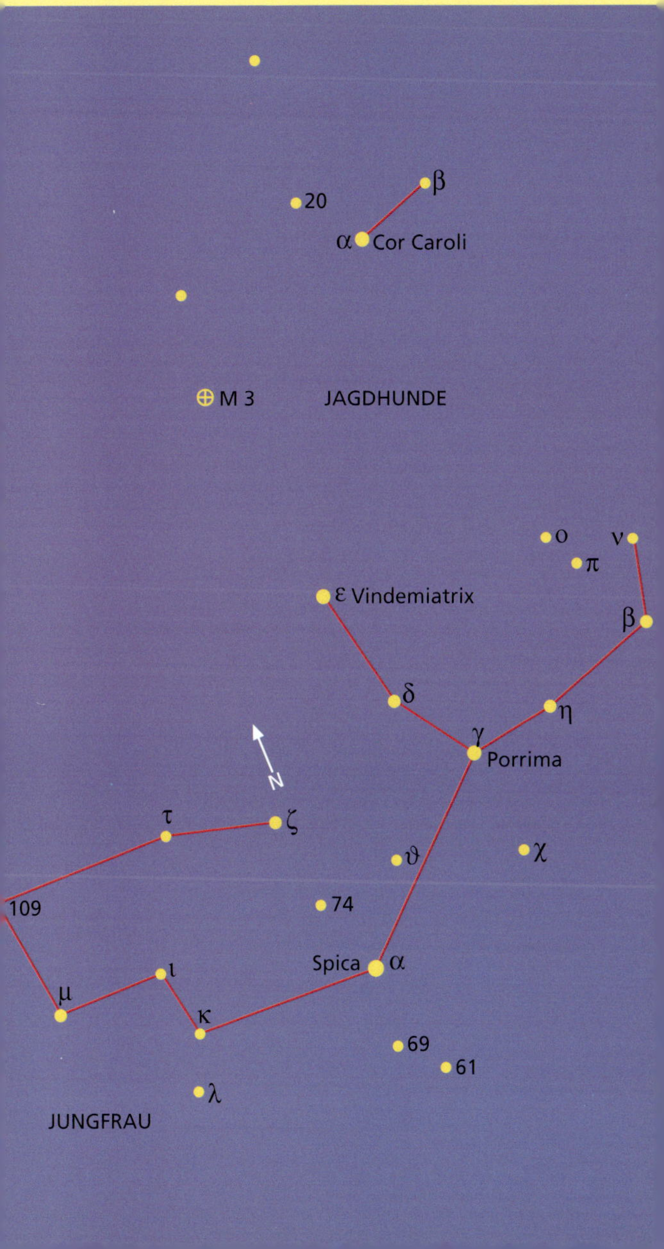

β
20
α Cor Caroli
M 3
JAGDHUNDE
o
ν
π
ε Vindemiatrix
β
δ
η
γ
Porrima
N
τ
ζ
ϑ
χ
109
74
Spica
α
ι
μ
κ
69
61
λ
JUNGFRAU

Das Sternbild **KASSIOPEIA** (lateinisch Cassiopeia, Abk. Cas) kulminiert im Oktober gegen 24 Uhr.
Es grenzt im Norden an den Kepheus, im Westen an den Kepheus und die Eidechse, im Süden an die Andromeda und den Perseus sowie im Osten an die Giraffe. Das Sternbild ist nördlich von 44 Grad geografischer Breite zirkumpolar, jenseits von –12 Grad dagegen nicht mehr vollständig sichtbar.
Mit einer Fläche von 598 Quadratgrad steht es in der nach Größe sortierten Liste der Sternbilder auf Platz 25.

★ hellster Stern: α Cas – Schedir ($2{,}2^m$, 228 LJ entfernt)
★ hellster Nebel: NGC 457 – offener Haufen mit etwa 100 Sternen ab 8. Größe

Das Sternbild **KEPHEUS** (lateinisch Cepheus, Abk. Cep) kulminiert im August/September gegen 24 Uhr.
Es grenzt im Norden an den Kleinen Bären, im Westen an den Drachen, im Süden an den Schwan und die Eidechse sowie im Osten an die Kassiopeia und die Giraffe. Das Sternbild ist nördlich von 37 Grad geografischer Breite zirkumpolar, jenseits von –2 Grad dagegen nicht mehr vollständig sichtbar.
Mit einer Fläche von 588 Quadratgrad steht es in der nach Größe sortierten Liste der Sternbilder auf Platz 27.

★ hellster Stern: α Cep – Alderamin ($2{,}5^m$, 49 LJ entfernt)
★ bekannter Veränderlicher: δ Cep ($3{,}6^m$-$4{,}5^m$, Periode 5,37 Tage)
★ hellster Nebel: IC 1396 – lockere Sternwolke mit umgebendem Nebel

Besonderheit: Der Veränderliche δ Cep ist der Prototyp einer ganzen Klasse von veränderlichen Sternen, die als Pulsationsveränderliche bezeichnet werden. Bei solchen Sternen dehnt sich die äußere Hülle regelmäßig aus und zieht sich anschließend wieder zusammen.

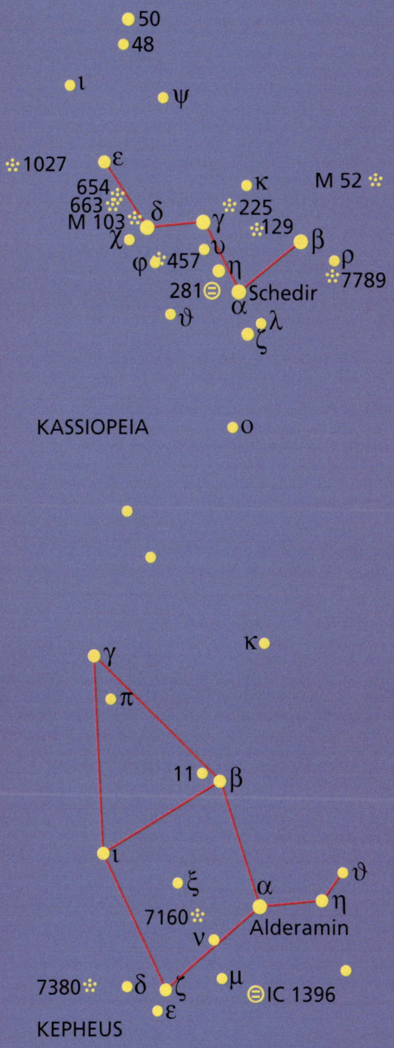
50
48
ι
ψ
1027
ε
654
663
M 103
δ
γ
κ
225
M 52
129
β
χ
υ
φ
457
η
ρ
7789
281
Schedir
α
ϑ
λ
ζ
KASSIOPEIA
ο
κ
γ
π
11
β
ι
ξ
α
ϑ
η
7160
Alderamin
ν
μ
7380
δ
ζ
IC 1396
ε
KEPHEUS

Das Sternbild **KLEINER BÄR** (lateinisch Ursa Minor, Abk. UMi) kulminiert im Mai gegen 24 Uhr.
Es grenzt im Westen an die Giraffe und den Drachen, im Süden an den Drachen und den Kepheus sowie im Osten an den Drachen. Das Sternbild ist nördlich von 26 Grad geografischer Breite zirkumpolar, südlich des Äquators dagegen nicht mehr vollständig sichtbar.
Mit einer Fläche von 256 Quadratgrad steht es in der nach Größe sortierten Liste der Sternbilder auf Platz 56.

★ hellster Stern: α UMi – Polaris ($2{,}0^m$, 431 LJ entfernt)

Besonderheit: Der Polarstern (Polaris) steht zu Beginn des 3. Jahrtausends etwa 0,75 Grad neben dem Himmelsnordpol, weist aber nur vorübergehend die Nordrichtung – nur so lange nämlich, wie die langsam kreiselnde Erdachse etwa in seine Richtung zeigt. Der Abstand zwischen Himmelspol und Polarstern schrumpft bis zum Beginn des 22. Jahrhunderts noch bis auf 0,46 Grad oder 27,5 Bogenminuten und nimmt dann wieder langsam zu.

Das Sternbild **KLEINER HUND** (lateinisch Canis Minor, Abk. CMi) kulminiert im Januar gegen 24 Uhr.
Es grenzt im Norden an die Zwillinge, im Westen an das Einhorn, im Süden an das Einhorn sowie im Osten an die Wasserschlange und den Krebs. Das Sternbild ist nur am Nordpol zirkumpolar, jenseits von –77 Grad geografischer Breite dagegen nicht mehr vollständig sichtbar.
Mit einer Fläche von 183 Quadratgrad steht es in der nach Größe sortierten Liste der Sternbilder auf Platz 71.

★ hellster Stern: α CMi – Procyon ($0{,}4^m$, 11 LJ entfernt)

Besonderheit: Procyon, der hellste Stern im Kleinen Hund, gehört zu den 20 nächsten Nachbarsternen der Sonne; er wird von einem weißen Zwergstern begleitet.

Das Sternbild **KLEINER LÖWE** (lateinisch Leo Minor, Abk. LMi) kulminiert im Februar/März gegen 24 Uhr.
Es grenzt im Norden an den Großen Bären, im Westen an den Luchs, im Süden an den Löwen sowie im Osten an den Großen Bären. Das Sternbild ist nördlich von 67 Grad geografischer Breite zirkumpolar, jenseits von –48 Grad dagegen nicht mehr vollständig sichtbar.
Mit einer Fläche von 232 Quadratgrad steht es in der nach Größe sortierten Liste der Sternbilder auf Platz 64.

★ hellster Stern: 46 LMi ($3{,}8^m$, 98 LJ entfernt)

KLEINER LÖWE

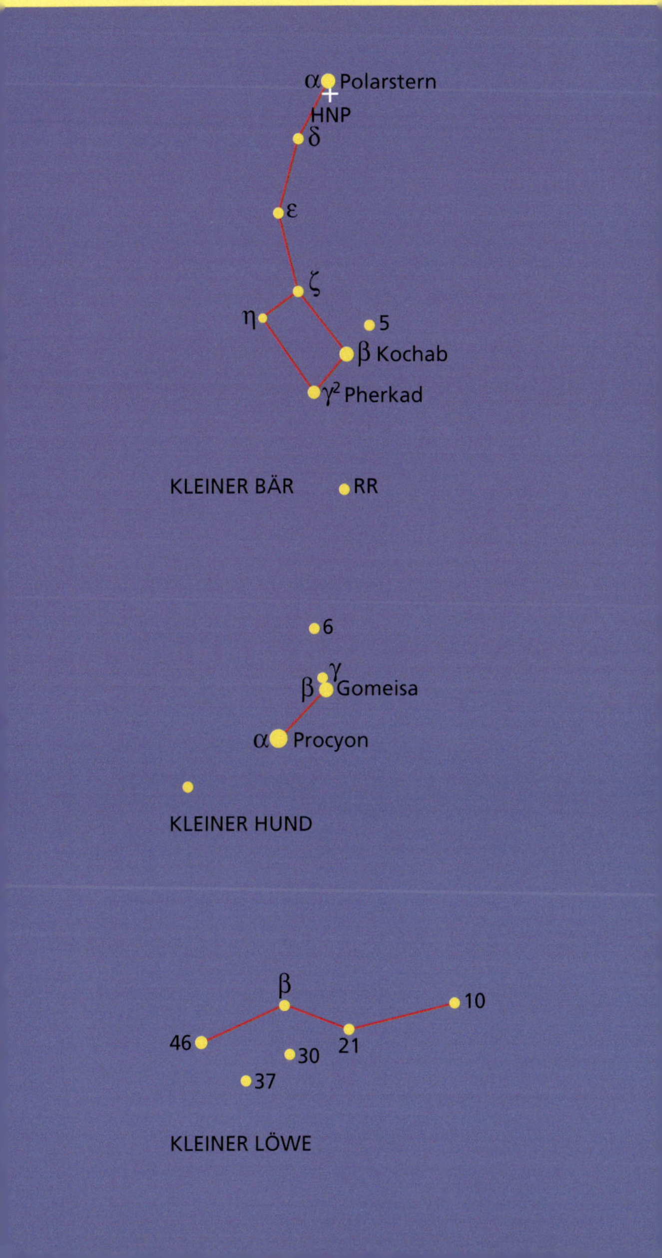

Das Sternbild **KREBS** (lateinisch Cancer, Abk. Cnc) kulminiert im Januar/Februar gegen 24 Uhr.
Es grenzt im Norden an den Luchs, im Westen an die Zwillinge und den Kleinen Hund, im Süden an die Wasserschlange sowie im Osten an den Löwen. Das Sternbild ist nördlich von 84 Grad geografischer Breite zirkumpolar, jenseits von –57 Grad dagegen nicht mehr vollständig sichtbar. Mit einer Fläche von 506 Quadratgrad steht es in der nach Größe sortierten Liste der Sternbilder auf Platz 31.

★ hellster Stern: β Cnc – Altarf ($3{,}5^m$, 290 LJ entfernt)
★ hellster Nebel: M 44 – *Praesepe*, offener Haufen, dessen hellste Sterne der 6. Größenklasse angehören

Das Sternbild **LEIER** (lateinisch Lyra, Abk. Lyr) kulminiert im Juli gegen 24 Uhr.
Es grenzt im Norden an den Drachen, im Westen an den Herkules, im Süden an den Herkules und das Füchschen sowie im Osten an den Schwan. Das Sternbild ist nördlich von 65 Grad geografischer Breite zirkumpolar, jenseits von –42 Grad dagegen nicht mehr vollständig sichtbar.
Mit einer Fläche von 286 Quadratgrad steht es in der nach Größe sortierten Liste der Sternbilder auf Platz 52.

★ hellster Stern: α Lyr – Wega ($0{,}0^m$, 25 LJ entfernt)
★ bekannter Doppelstern: $\varepsilon^1/\varepsilon^2$ Lyr ($4{,}8^m/4{,}6^m$, Distanz 209 Bogenminuten, mit guten Augen zu erkennen)

Besonderheit: Der Doppelstern $\varepsilon^1/\varepsilon^2$ Lyr erscheint in einem Fernrohr bei ausreichender Vergrößerung als Vierfachstern. Jeder der beiden Partner erweist sich noch einmal als ein enges Sternpaar (ε^1: $5{,}1^m/6{,}2^m$, Distanz 2,5 Bogensekunden, ε^2: $5{,}3^m/5{,}5^m$, Distanz 2,3 Bogensekunden).

Das Sternbild **LÖWE** (lateinisch Leo, Abk. Leo) kulminiert im Februar/März gegen 24 Uhr.
Es grenzt im Norden an den Großen Bären und den Kleinen Löwen, im Westen an den Krebs, im Süden an die Wasserschlange, den Sextanten und den Becher sowie im Osten an die Jungfrau und das Haar der Berenike. Das äquatornahe Sternbild ist nördlich von 83 Grad und jenseits von –56 Grad geografischer Breite nicht vollständig sichtbar.
Mit einer Fläche von 947 Quadratgrad steht es in der nach Größe sortierten Liste der Sternbilder auf Platz 12.

★ hellster Stern: α Leo – Regulus ($1{,}4^m$, 78 LJ entfernt)
★ bekannter Veränderlicher: R Leo ($4{,}7^m$-$8{,}1^m$, Periode 310 Tage)

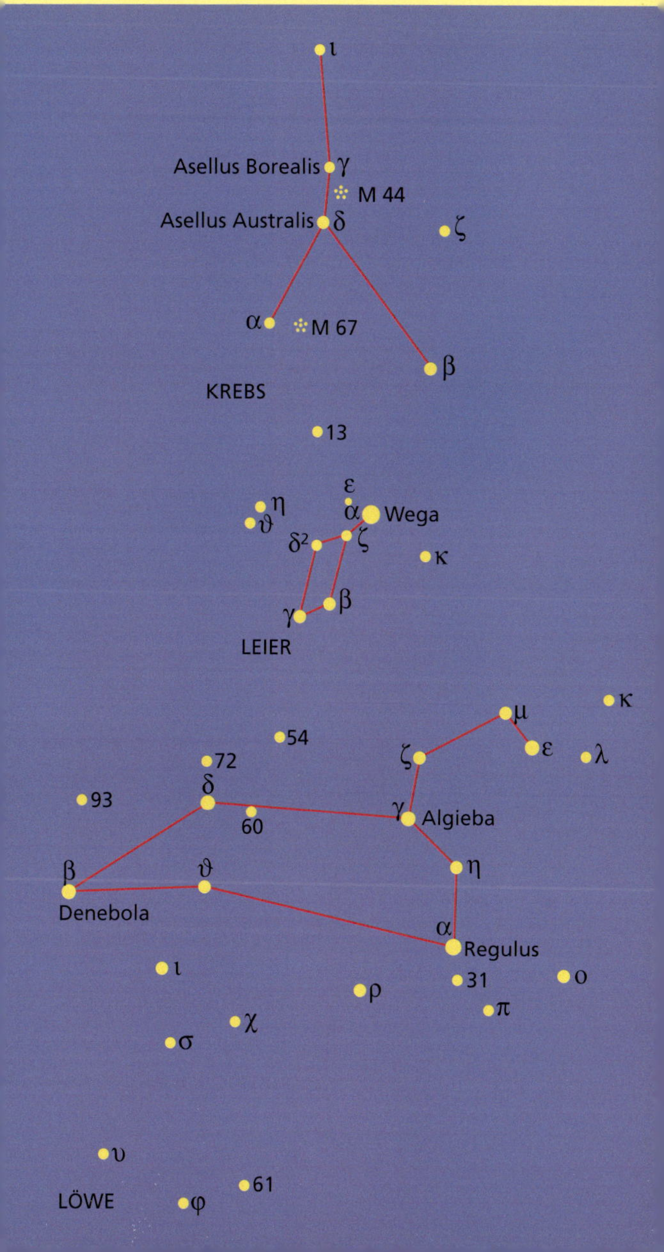
ι
Asellus Borealis γ
M 44
Asellus Australis δ
ζ
α
M 67
β
KREBS
13
ε
η
α
Wega
ϑ
δ²
ζ
κ
β
γ
LEIER
κ
μ
54
ε
ζ
λ
72
δ
93
γ
Algieba
60
β
ϑ
η
Denebola
α
Regulus
ι
31
ο
ρ
π
χ
σ
υ
61
LÖWE
φ

Das Sternbild **LUCHS** (lateinisch Lynx, Abk. Lyn) kulminiert im Januar gegen 24 Uhr.
Es grenzt im Norden an den Großen Bären und die Giraffe, im Westen an die Giraffe und den Fuhrmann, im Süden an die Zwillinge und den Krebs sowie im Osten an den Kleinen Löwen und den Großen Bären. Das Sternbild ist nördlich von 57 Grad geografischer Breite zirkumpolar, jenseits von –28 Grad dagegen nicht mehr vollständig sichtbar.
Mit einer Fläche von 545 Quadratgrad steht es in der nach Größe sortierten Liste der Sternbilder auf Platz 28.

★ hellster Stern: α Lyn ($3{,}1^m$, 222 LJ entfernt)

Das Sternbild **NÖRDLICHE KRONE** (lateinisch Corona Borealis, Abk. CrB) kulminiert im Mai gegen 24 Uhr.
Es grenzt im Norden an den Herkules und den Rinderhirten, im Westen an den Rinderhirten, im Süden an die Schlange sowie im Osten an den Herkules. Das Sternbild ist nördlich von 64 Grad geografischer Breite zirkumpolar, jenseits von –50 Grad dagegen nicht mehr vollständig sichtbar.
Mit einer Fläche von 179 Quadratgrad steht es in der nach Größe sortierten Liste der Sternbilder auf Platz 73.

★ hellster Stern: α CrB – Alphekka ($2{,}2^m$, 75 LJ entfernt)

Das Sternbild **ORION** (lateinisch Orion, Abk. Ori) kulminiert im Dezember gegen 24 Uhr.
Es grenzt im Norden an den Stier, im Westen an den Stier und den Eridanus, im Süden an den Hasen sowie im Osten an das Einhorn und die Zwillinge. Das äquatornahe Sternbild ist nördlich von 79 Grad und südlich von –67 Grad geografischer Breite nicht vollständig sichtbar.
Mit einer Fläche von 594 Quadratgrad steht es in der nach Größe sortierten Liste der Sternbilder auf Platz 26.

★ hellster Stern: β Ori – Rigel ($0{,}2^m$, 773 LJ entfernt)
★ hellster Nebel: M 42 – *Orion-Nebel*, ein leuchtender Gasnebel, der von jungen, heißen Sternen zum Leuchten angeregt wird; eingelagert das „Trapez“

Besonderheit: Der *Orion-Nebel* gilt als Sternentstehungsgebiet, in dem auch heute noch neue Sterne entstehen. So konnten mit Infrarot-Beobachtungen rund 600 noch unfertige Protosterne gefunden werden. Viele sind von flachen Staubscheiben umgeben, aus denen sich einmal Planeten entwickeln können.

ORION

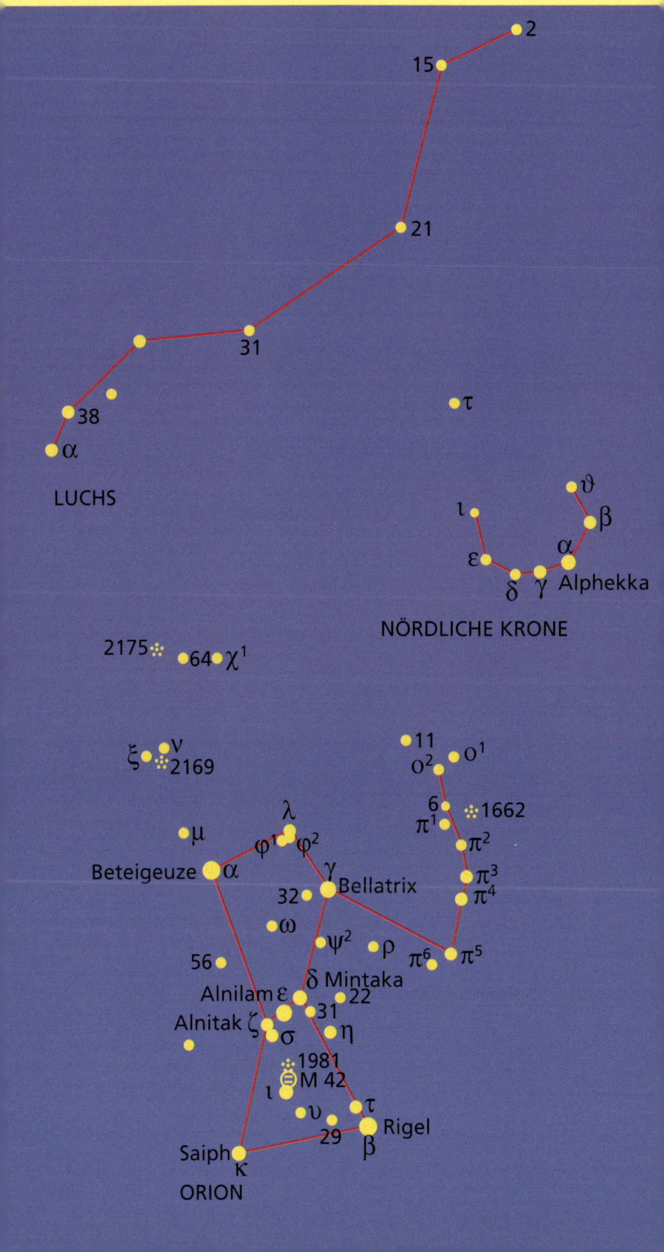
2
15
21
31
38
α
LUCHS
τ
ϑ
ι
β
α
ε
δ
γ
Alphekka
NÖRDLICHE KRONE
2175
64
χ1
11
ο1
ο2
ξ
ν
2169
6
1662
π1
λ
π2
μ
φ1
φ2
Beteigeuze
α
γ
π3
Bellatrix
32
π4
ω
ψ2
ρ
π6
π5
56
δ Mintaka
Alnilam ε
22
31
Alnitak ζ
σ
η
1981
M 42
ι
τ
υ
29
Rigel
β
Saiph
κ
ORION

Das Sternbild **PEGASUS** (lateinisch Pegasus, Abk. Peg) kulminiert im August/September gegen 24 Uhr.
Es grenzt im Norden an die Andromeda und die Eidechse, im Westen an den Schwan, das Füchschen, den Delphin und das Füllen, im Süden an den Wassermann und die Fische sowie im Osten an die Fische und die Andromeda. Das Sternbild ist nördlich von 88 Grad geografischer Breite zirkumpolar, jenseits von –53 Grad dagegen nicht mehr vollständig sichtbar.
Mit einer Fläche von 1121 Quadratgrad steht es in der nach Größe sortierten Liste der Sternbilder auf Platz 7.

★ hellster Stern: β Peg – Scheat ($2{,}3^{m}$v, 199 LJ entfernt)
★ hellster Nebel: M 15 – kugelförmiger Sternhaufen ($6{,}4^{m}$)

Das Sternbild **PERSEUS** (lateinisch Perseus, Abk. Per) kulminiert im November gegen 24 Uhr.
Es grenzt im Norden an die Giraffe und die Kassiopeia, im Westen an die Kassiopeia, die Andromeda und das Dreieck, im Süden an den Widder und den Stier sowie im Osten an den Fuhrmann. Das Sternbild ist nördlich von 59 Grad geografischer Breite zirkumpolar, jenseits von –31 Grad dagegen nicht mehr vollständig sichtbar.
Mit einer Fläche von 615 Quadratgrad steht es in der nach Größe sortierten Liste der Sternbilder auf Platz 24.

★ hellster Stern: α Per – Mirphak ($1{,}8^{m}$, 592 LJ entfernt)
★ bekannter Veränderlicher: β Per – Algol ($2{,}1^{m}$-$3{,}2^{m}$, Periode 2,87 Tage)
★ hellste Nebel: NGC 869 – offener Sternhaufen mit etwa 300 Sternen der 7. bis 14. Größe (h Per); NGC 884 – offener Sternhaufen mit etwa 300 Sternen ab 7. Größe (chi Per)

Besonderheit: Algol ist der Prototyp einer ganzen Klasse von veränderlichen Sternen, der sogenannten Bedeckungsveränderlichen. Dort umkreisen sich zwei Sterne so, daß wir nahezu auf die Kante der Umlaufbahn blicken und die beiden Sterne einander regelmäßig gegenseitig ganz oder teilweise abdecken. Wenn – wie bei Algol – die beiden Sterne sehr unterschiedlicher Helligkeit sind, fällt das Hauptminimum (dunkler Stern vor hellem Partner) wesentlich stärker aus als das Nebenminimum (heller Stern vor dunklem Partner). Bei Algol dauert die Bedeckung vom Beginn der partiellen Verfinsterung bis zu deren Ende etwa 9 Stunden.

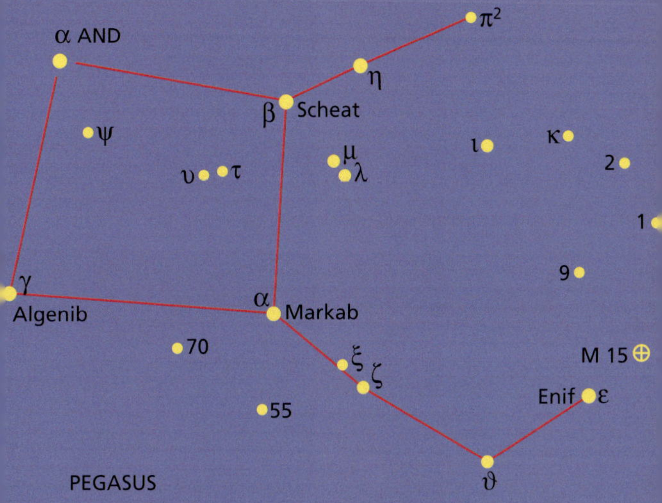

α AND
π²
η
β Scheat
ψ
υ τ
μ λ
ι
κ
2
1
9
γ Algenib
α Markab
70
ξ ζ
M 15
Enif ε
55
ϑ
PEGASUS

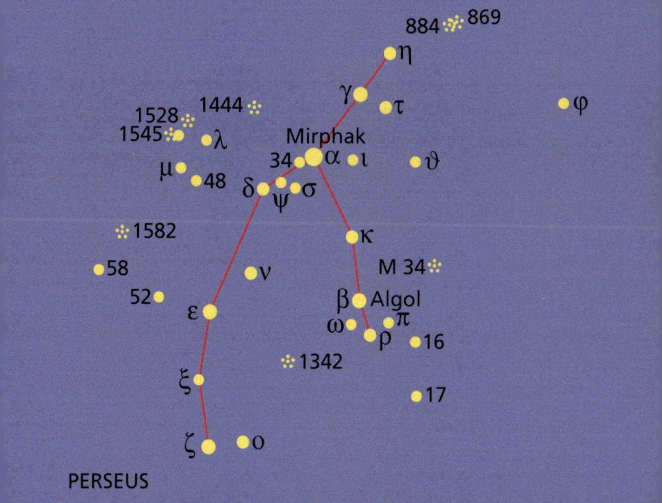

884 869
η
γ τ
1444
1528
1545
λ
Mirphak
34 α ι
ϑ
φ
μ
48
δ ψ σ
1582
κ
58
ν
M 34
52
ε
β Algol
ω π
ρ 16
1342
ξ
17
ζ ο
PERSEUS

Das Sternbild **PFEIL** (lateinisch Sagitta, Abk. Sge) kulminiert im Juli gegen 24 Uhr.
Es grenzt im Norden an das Füchschen, im Westen an den Herkules, im Süden an den Adler sowie im Osten an den Delphin. Das Sternbild ist nördlich von 74 Grad geografischer Breite zirkumpolar, jenseits von –68 Grad dagegen nicht mehr vollständig sichtbar.
Mit einer Fläche von 80 Quadratgrad steht es in der nach Größe sortierten Liste der Sternbilder auf Platz 86.

★ hellster Stern: γ Sge ($3{,}5^{m}$, 274 LJ entfernt)

Das Sternbild **RABE** (lateinisch Corvus, Abk. Crv) kulminiert im März/April gegen 24 Uhr.
Es grenzt im Norden an die Jungfrau, im Westen an den Becher, im Süden an die Wasserschlange sowie im Osten an die Jungfrau. Das Sternbild ist südlich von –78 Grad geografischer Breite zirkumpolar, nördlich von 65 Grad dagegen nicht mehr vollständig sichtbar.
Mit einer Fläche von 184 Quadratgrad steht es in der nach Größe sortierten Liste der Sternbilder auf Platz 70.

★ hellster Stern: γ Crv – Gienah ($2{,}6^{m}$, 165 LJ entfernt)

Das Sternbild **RINDERHIRTE** (lateinisch Bootes, Abk. Boo) kulminiert im April/Mai gegen 24 Uhr.
Es grenzt im Norden an den Drachen und den Großen Bären, im Westen an die Jagdhunde, das Haar der Berenike und die Jungfrau, im Süden an die Jungfrau sowie im Osten an die Schlange und die Nördliche Krone. Das Sternbild ist nördlich von 83 Grad zirkumpolar, jenseits von –35 Grad dagegen nicht mehr vollständig sichtbar.
Mit einer Fläche von 907 Quadratgrad steht es in der nach Größe sortierten Liste der Sternbilder auf Platz 13.

★ hellster Stern: α Boo – Arktur ($-0{,}1^{m}$, 37 LJ entfernt)

Das Sternbild **SCHILD** (lateinisch Scutum, Abk. Sct) kulminiert im Juli gegen 24 Uhr.
Es grenzt im Norden an den Adler und die Schlange, im Westen an die Schlange, im Süden an den Schützen sowie im Osten an den Adler. Das Sternbild ist südlich von –86 Grad geografischer Breite zirkumpolar, nördlich von 74 Grad dagegen nicht mehr vollständig sichtbar.
Mit einer Fläche von 109 Quadratgrad steht es in der nach Größe sortierten Liste der Sternbilder auf Platz 84.

★ hellster Stern: α Sct ($3{,}9^{m}$, 174 LJ entfernt)

SCHILD

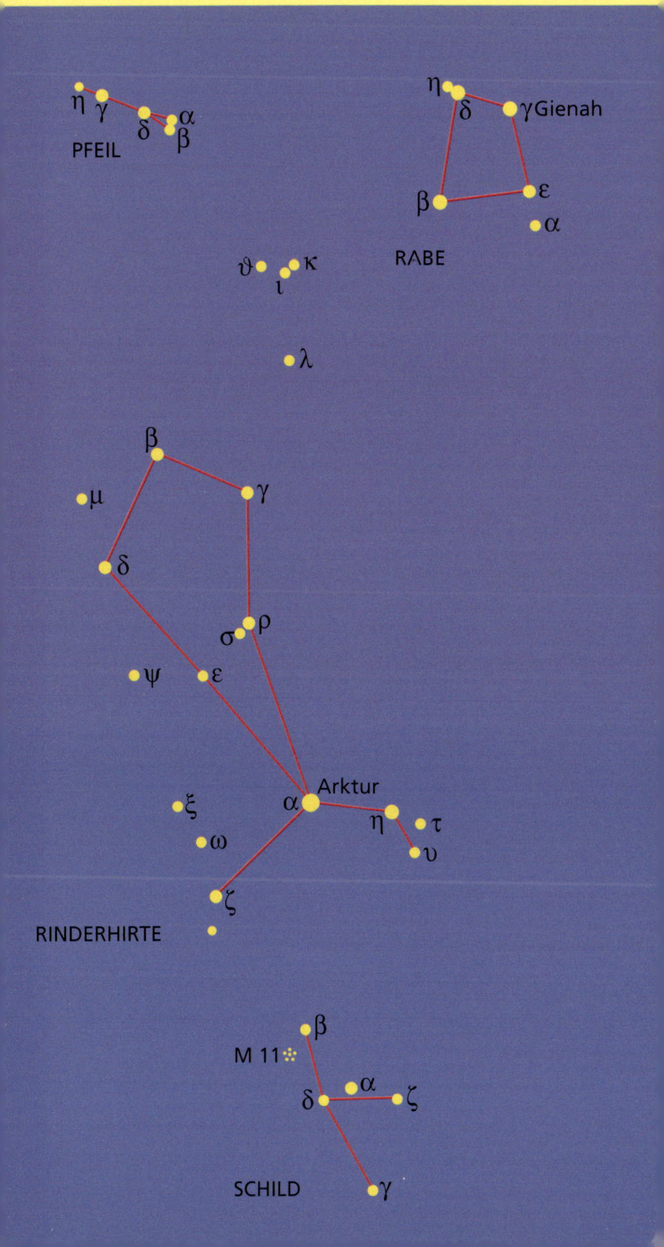

η
γ
δ
α
β
PFEIL
η
δ
γ Gienah
ε
β
α
RABE
ϑ
κ
ι
λ
β
μ
γ
δ
ρ
σ
ψ
ε
Arktur
α
η
τ
ξ
ω
υ
ζ
RINDERHIRTE
β
M 11
α
δ
ζ
SCHILD
γ

Das Teilsternbild KOPF DER **SCHLANGE** (lateinisch Serpens Caput, Abk. Ser) kulminiert im Mai gegen 24 Uhr.
Es grenzt im Norden an die Nördliche Krone, im Westen an den Rinderhirten und die Jungfrau, im Süden an die Waage sowie im Osten an den Schlangenträger und den Herkules. Das Teilsternbild ist nördlich von 87 Grad geografischer Breite zirkumpolar, jenseits von –65 Grad dagegen nicht mehr vollständig sichtbar.
Mit einer Fläche von 637 Grad steht die Schlange in der nach Größe sortierten Liste der Sternbilder auf Platz 23.

★ hellster Stern: α Ser – Unukalhai (2,6^m, 73 LJ entfernt)
★ hellster Nebel: M 5 – kugelförmiger Sternhaufen, mit 5,8^m hellster Kugelhaufen nördlich des Himmelsäquators, leicht aufzulösen in Sterne ab 11. Größe

Das Teilsternbild SCHWANZ DER **SCHLANGE** (lateinisch Serpens Cauda, Abk. Ser) kulminiert im Juni/Juli gegen 24 Uhr.
Der Schwanz der Schlange grenzt im Norden und Westen an den Schlangenträger, im Süden an den Schützen sowie im Osten an den Schild und den Adler. Das äquatornahe Teilsternbild ist nördlich von 74 Grad und südlich von –84 Grad geografischer Breite nicht vollständig sichtbar.

★ hellster Stern: η Ser (3,2^m, 62 LJ entfernt)
★ hellster Nebel: M 16 – offener Haufen aus etwa 60 Sternen ab 8. Größe, mit umgebendem Gasnebel *(Adler-Nebel)*

Das Sternbild **SCHLANGENTRÄGER** (lateinisch Ophiuchus, Abk. Oph) kulminiert im Juni gegen 24 Uhr.
Es grenzt im Norden an den Herkules, im Westen an die Schlange, die Waage und den Skorpion, im Süden an den Skorpion sowie im Osten an den Schützen, die Schlange und den Adler. Das Sternbild ist nördlich von 60 Grad und jenseits von –76 Grad geografischer Breite nicht vollständig sichtbar.
Mit einer Fläche von 948 Quadratgrad steht es in der nach Größe sortierten Liste der Sternbilder auf Platz 11.

★ hellster Stern: α Oph – Rasalhague (2,1^m, 47 LJ entfernt)
★ hellste Nebel: NGC 6633 – offener Haufen mit etwa 65 Sternen ab 7. Größe
M 10 – kugelförmiger Sternhaufen (6,6^m)
M 12 – kugelförmiger Sternhaufen (6,6^m)

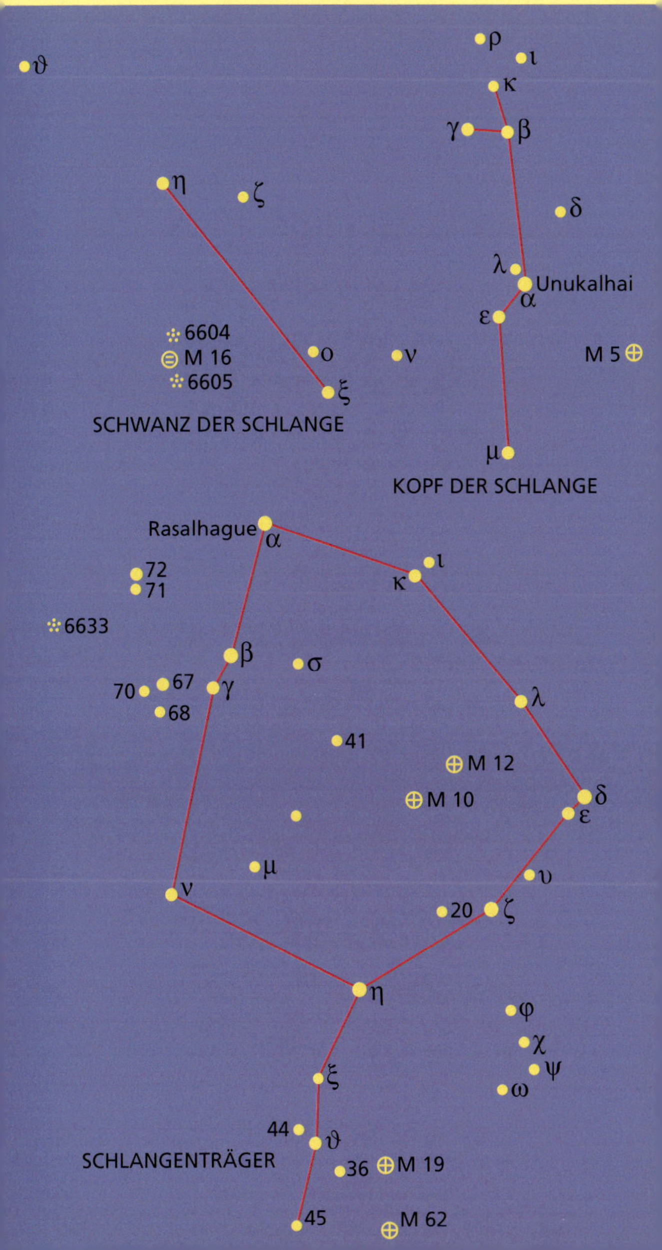

ϑ
ρ
ι
κ
γ
β
η
ζ
δ
λ
Unukalhai
α
ε
6604
M 16
6605
ο
ν
M 5
ξ
SCHWANZ DER SCHLANGE
μ
KOPF DER SCHLANGE
Rasalhague
α
ι
κ
72
71
6633
β
σ
70
67
γ
68
λ
41
M 12
M 10
δ
ε
μ
υ
ν
20
ζ
η
φ
χ
ψ
ξ
ω
44
ϑ
SCHLANGENTRÄGER
36
M 19
45
M 62

Das Sternbild **SCHÜTZE** (lateinisch Sagittarius, Abk. Sgr) kulminiert im Juli gegen 24 Uhr.
Es grenzt im Norden an den Adler, den Schild und die Schlange, im Westen an den Schlangenträger und den Skorpion, im Süden an die Südliche Krone und das Teleskop sowie im Osten an das Mikroskop und den Steinbock. Das Sternbild ist südlich von –78 Grad geografischer Breite zirkumpolar und nördlich von 45 Grad nicht mehr vollständig sichtbar.
Mit einer Fläche von 867 Quadratgrad steht es in der nach Größe sortierten Liste der Sternbilder auf Platz 15.

★ hellster Stern: ε Sgr – Kaus Australis ($1{,}8^m$, 145 LJ entfernt)
★ hellste Nebel: NGC 6530 – offener Haufen mit etwa 25 Sternen ab 7. Größe in M 8
M 22 – kugelförmiger Sternhaufen ($5{,}1^m$)
M 23 – offener Haufen mit etwa 100 Sternen ab 9. Größe
M 8 – *Lagunen-Nebel,* diffuser Gasnebel ($5{,}8^m$) mit Sternhaufen im östlichen Teil

Besonderheit: In Richtung zum Sternbild Schütze befindet sich das Zentrum der Milchstraße in einer Entfernung von rund 25 000 Lichtjahren.

Das Sternbild **SCHWAN** (lateinisch Cygnus, Abk. Cyg) kulminiert im Juli/August gegen 24 Uhr.
Es grenzt im Norden an den Kepheus und den Drachen, im Westen an den Drachen und die Leier, im Süden an das Füchschen und den Pegasus sowie im Osten an den Pegasus und die Eidechse. Das Sternbild ist nördlich von 62 Grad geografischer Breite zirkumpolar, jenseits von –29 Grad dagegen nicht mehr vollständig sichtbar.
Mit einer Fläche von 804 Quadratgrad steht es in der nach Größe sortierten Liste der Sternbilder auf Platz 16.

★ hellster Stern: α Cyg – Deneb ($1{,}3^m$, 3200 LJ entfernt)
★ bekannter Doppelstern: β Cyg – Albireo ($3{,}1^m/5{,}1^m$, Distanz 34,5 Bogensekunden)
★ hellster Nebel: M 39 – offener Haufen mit etwa 25 Sternen ab 7. Größe

Besonderheit: Der Doppelstern Albireo kann schon mit einem lichtstarken Fernglas als farblich schön kontrastierendes Sternpaar erkannt werden.

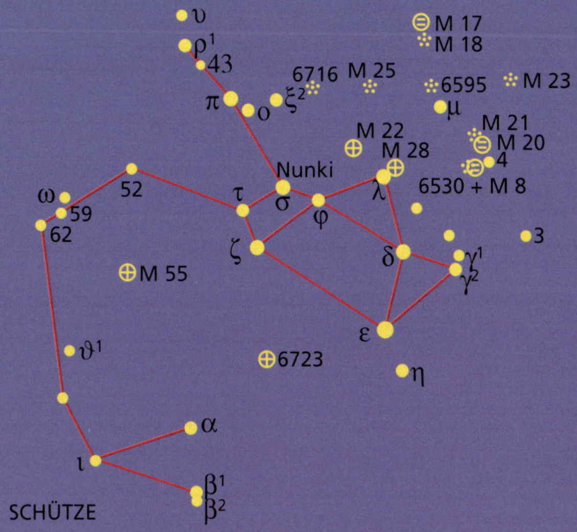
υ
ρ1
43
π
ο
ξ2
6716
M 25
M 17
M 18
6595
M 23
μ
M 21
M 20
M 22
M 28
4
Nunki
λ
6530 + M 8
ω
52
τ
σ
φ
59
62
ζ
δ
3
γ1
γ2
M 55
ε
ϑ1
6723
η
α
ι
β1
β2
SCHÜTZE

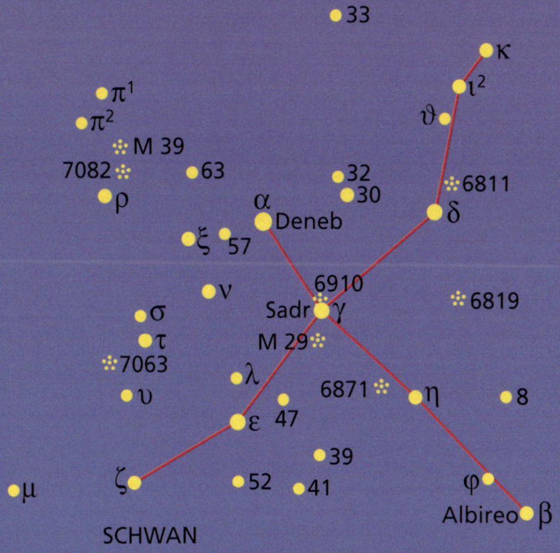
33
κ
ι2
π1
ϑ
π2
M 39
7082
63
32
6811
30
ρ
α
Deneb
δ
ξ
57
6910
ν
Sadr
γ
6819
σ
τ
M 29
7063
λ
6871
η
υ
8
47
ε
39
μ
ζ
52
41
φ
Albireo
β
SCHWAN

Das Sternbild **SEXTANT** (lateinisch Sextans, Abk. Sex) kulminiert im Februar/März gegen 24 Uhr.
Es grenzt im Norden an den Löwen, im Westen an die Wasserschlange, im Süden an die Wasserschlange sowie im Osten an den Becher und den Löwen. Das äquatornahe Sternbild ist nördlich von 78 Grad und südlich von –84 Grad geografischer Breite nicht vollständig sichtbar.
Mit einer Fläche von 314 Quadratgrad steht es in der nach Größe sortierten Liste der Sternbilder auf Platz 47.

★ hellster Stern: α Sex ($4{,}5^m$, 287 LJ entfernt)

Das Sternbild **SKORPION** (lateinisch Scorpius, Abk. Sco) kulminiert im Juni gegen 24 Uhr.
Es grenzt im Norden an den Schlangenträger, im Westen an die Waage und den Wolf, im Süden an das Winkelmaß und den Altar sowie im Osten an die Südliche Krone und den Schützen. Das Sternbild ist südlich von –82 Grad geografischer Breite zirkumpolar und nördlich von 44 Grad nicht mehr vollständig sichtbar.
Mit einer Fläche von 497 Quadratgrad steht es in der nach Größe sortierten Liste der Sternbilder auf Platz 33.

★ hellster Stern: α Sco – Antares ($2{,}6^m$, 604 LJ entfernt)
★ bekannter Doppelstern: β Sco ($2{,}6^m/4{,}9^m$, Distanz 13,7 Bogensekunden)
★ hellste Nebel: M 7 – offener Haufen mit etwa 50 Sternen ab 7. Größe, mit bloßem Auge zu sehen
M 6 – offener Haufen mit etwa 50 Sternen ab 7. Größe
NGC 6124 – offener Haufen mit etwa 100 Sternen ab 9. Größe
M 4 – kugelförmiger Sternhaufen ($5{,}9^m$)

Das Sternbild **STEINBOCK** (lateinisch Capricornus, lat. Cap) kulminiert im August gegen 24 Uhr.
Es grenzt im Norden an den Wassermann und den Adler, im Westen an den Adler und den Schützen, im Süden an den Schützen, das Mikroskop und den Südlichen Fisch sowie im Osten an den Wassermann. Das Sternbild ist südlich von –81 Grad geografischer Breite zirkumpolar, nördlich von 62 Grad dagegen nicht mehr vollständig sichtbar.
Mit einer Fläche von 414 Quadratgrad steht es in der nach Größe sortierten Liste der Sternbilder auf Platz 40.

★ hellster Stern: δ Cap – Deneb Algiedi ($2{,}8^m$, 39 LJ entfernt)

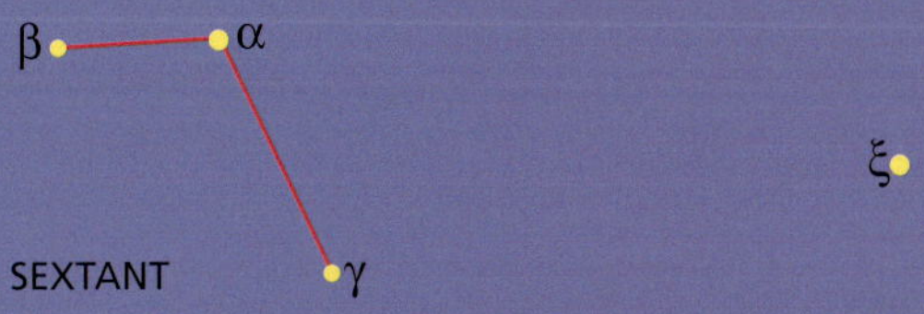
β
α
ξ
SEXTANT
γ

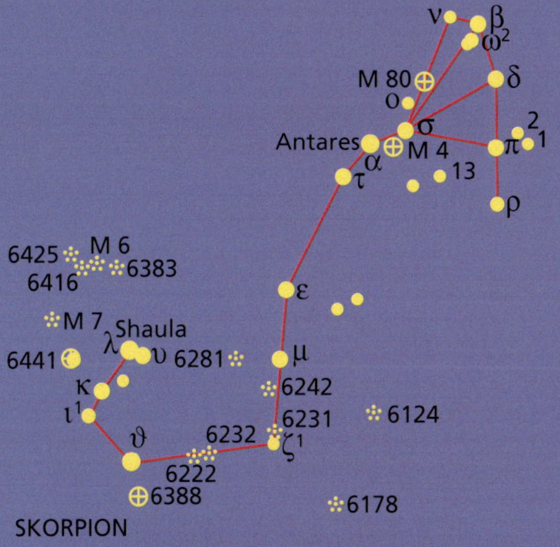
ν
β
ω2
M 80
δ
ο
σ
2
Antares
M 4
π
1
α
τ
13
ρ
6425
M 6
6383
6416
ε
M 7
Shaula
λ
6441
υ
6281
μ
κ
6242
ι1
6231
6124
ϑ
6232
ζ1
6222
6388
6178
SKORPION

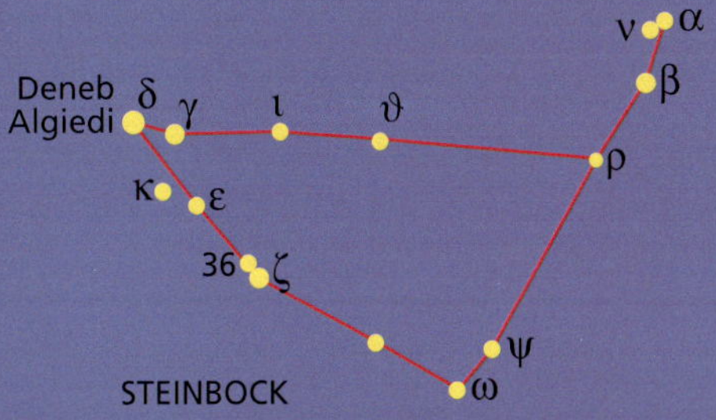
ν
α
β
Deneb Algiedi
δ
γ
ι
ϑ
ρ
κ
ε
36
ζ
ψ
STEINBOCK
ω

Das Sternbild **STIER** (lateinisch Taurus, Abk. Tau) kulminiert im November/Dezember gegen 24 Uhr.
Es grenzt im Norden an den Fuhrmann und den Perseus, im Westen an den Widder und den Walfisch, im Süden an den Eridanus und den Orion sowie im Osten an den Orion und die Zwillinge. Das Sternbild ist nördlich von 89 Grad und südlich von –59 Grad geografischer Breite nicht vollständig sichtbar.
Mit einer Fläche von 797 Quadratgrad steht es in der nach Größe sortierten Liste der Sternbilder auf Platz 17.

★ hellster Stern: α Tau – Aldebaran (0,9^{m}, 65 LJ entfernt)

Besonderheit: Das Sternbild Stier enthält zwei offene Sternhaufen, die so nahe stehen, daß sie uns nicht als „Nebel" erscheinen: Bei den *Plejaden* (dem Siebengestirn) sehen Sie mit bloßem Auge 6 bis 9 Sterne, im Fernglas mehr als 50, bei den *Hyaden* (dem Regengestirn) mit bloßem Auge etwa 20, im Fernglas mehr als 100 Sterne.

Das Sternbild **SÜDLICHER FISCH** (lateinisch Piscis Austrinus, Abk. PsA) kulminiert im August/September gegen 24 Uhr.
Es grenzt im Norden an den Wassermann und den Steinbock, im Westen an den Steinbock und das Mikroskop, im Süden an den Kranich sowie im Osten an den Bildhauer. Das Sternbild ist südlich von –65 Grad geografischer Breite zirkumpolar, nördlich von 54 Grad dagegen nicht mehr vollständig sichtbar.
Mit einer Fläche von 245 Quadratgrad steht es in der nach Größe sortierten Liste der Sternbilder auf Platz 60.

★ hellster Stern: α PsA – Fomalhaut (1,7^{m}, 25 LJ entfernt)

Das Sternbild **WAAGE** (lateinisch Libra, Abk. Lib) kulminiert im Mai gegen 24 Uhr.
Es grenzt im Norden an die Schlange und die Jungfrau, im Westen an die Jungfrau, im Süden an die Wasserschlange und den Wolf sowie im Osten an den Skorpion und den Schlangenträger. Das Sternbild Waage ist am Südpol zirkumpolar, nördlich von 60 Grad geografischer Breite dagegen nicht mehr vollständig sichtbar.
Mit einer Fläche von 538 Quadratgrad steht es in der nach Größe sortierten Liste der Sternbilder auf Platz 29.

★ hellster Stern: β Lib – Zuben Elschemali (2,6^{m}, 160 LJ)
★ bekannter Doppelstern: α Lib (2,8^{m}/5,2^{m}, Distanz 31 Bogensekunden)

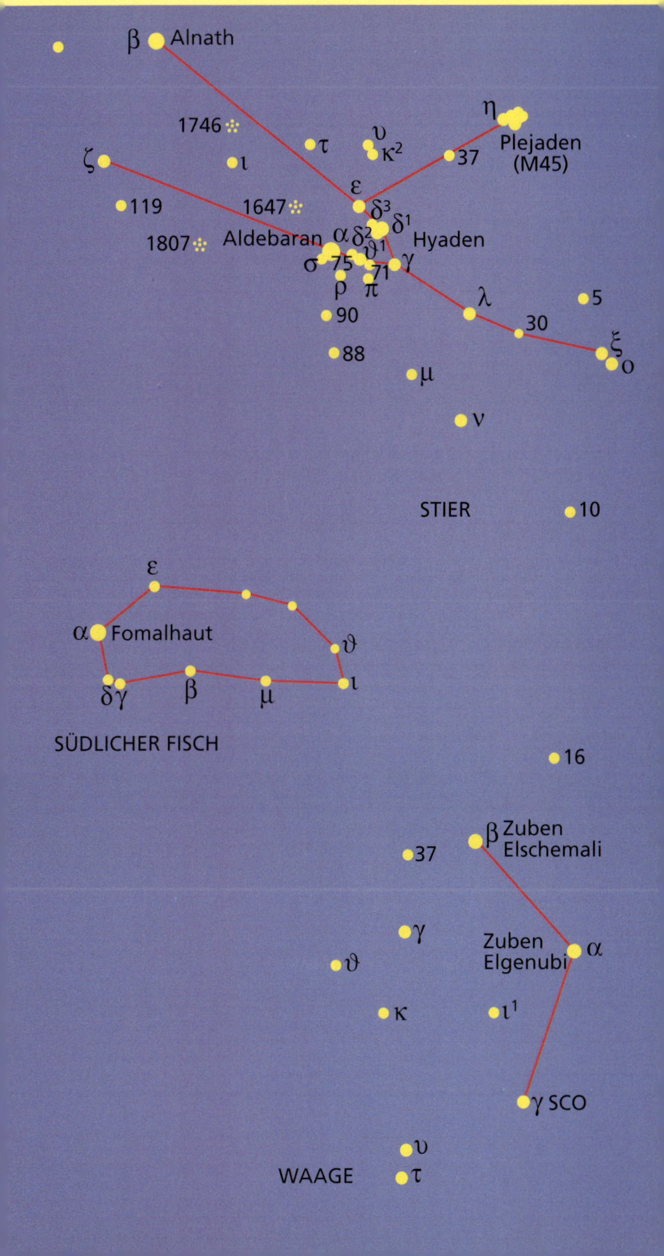
β Alnath
1746
τ
υ
κ2
η
Plejaden
(M45)
37
ζ
ι
ε
119
1647
δ3
δ1
1807
Aldebaran
α δ2
ϑ1
Hyaden
σ
75
71
γ
ρ
π
λ
5
90
30
88
ξ
ο
μ
ν
STIER
10
ε
α Fomalhaut
ϑ
ι
δ γ
β
μ
SÜDLICHER FISCH
16
β Zuben Elschemali
37
γ
Zuben Elgenubi
α
ϑ
κ
ι1
γ SCO
υ
WAAGE
τ

Das Sternbild **WALFISCH** (lateinisch Cetus, Abk. Cet) kulminiert im Oktober gegen 24 Uhr.
Es grenzt im Norden an den Widder und die Fische, im Westen an den Wassermann, im Süden an den Bildhauer und den Chemischen Ofen sowie im Osten an den Eridanus und den Stier. Das äquatornahe Sternbild ist nördlich von 65 Grad und südlich von –80 Grad geografischer Breite nicht mehr vollständig sichtbar.
Mit einer Fläche von 1231 Quadratgrad steht es in der nach Größe sortierten Liste der Sternbilder auf Platz 4.

★ hellster Stern: β Cet – Diphda ($2{,}0^m$, 96 LJ entfernt)
★ bekannter Veränderlicher: o Cet – Mira ($3{,}4^m$-$9{,}2^m$, Periode 332 Tage)

Besonderheit: o Cet (Mira) ist der Prototyp einer Klasse von veränderlichen Sternen, der sogenannten langperiodisch Veränderlichen; bei ihnen handelt es sich um pulsierende Sterne in einem späten Entwicklungsstadium.

Das Sternbild **WASSERMANN** (lateinisch Aquarius, Abk. Aqr) kulminiert im August/September gegen 24 Uhr.
Es grenzt im Norden an die Fische, den Pegasus, das Füllen und den Delphin, im Westen an den Adler und den Steinbock, im Süden an den Steinbock, den Südlichen Fisch und den Bildhauer sowie im Osten an den Walfisch. Das äquatornahe Sternbild ist nördlich von 65 Grad und südlich von –87 Grad geografischer Breite nicht vollständig sichtbar.
Mit einer Fläche von 980 Quadratgrad steht es in der nach Größe sortierten Liste der Sternbilder auf Platz 10.

★ hellster Stern: β Aqr – Sadalsuud ($2{,}9^m$, 612 LJ entfernt)
★ bekannter Doppelstern: ζ Aqr ($4{,}4^m/4{,}6^m$, Distanz 1,9 Bogensekunden)
★ hellster Nebel: M 2 – kugelförmiger Sternhaufen ($6{,}5^m$), auch bei starker Vergrößerung kaum auflösbar

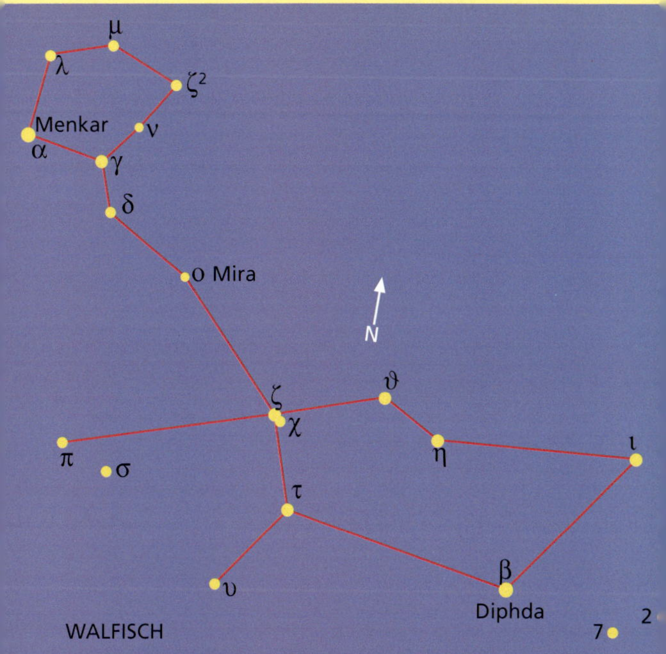
μ
λ
ζ2
Menkar
ν
α
γ
δ
ο Mira
N
ϑ
ζ
χ
π
σ
η
ι
τ
β
υ
Diphda
WALFISCH
2
7

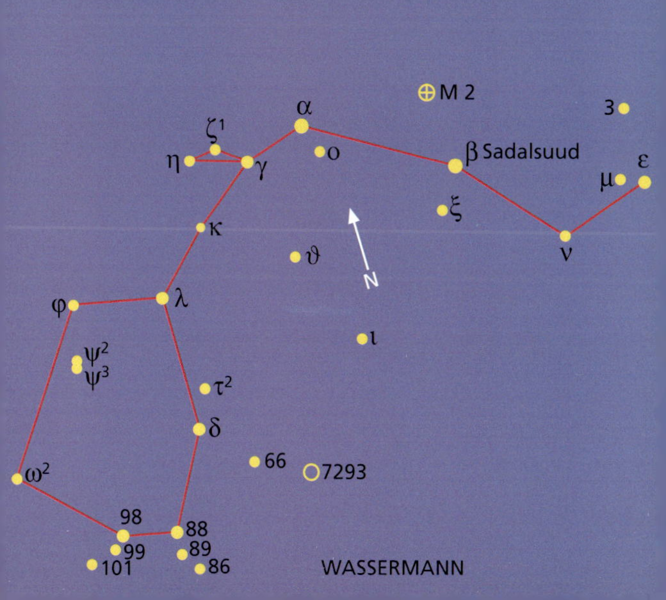
M 2
3
α
ζ1
η
γ
ο
β Sadalsuud
ε
μ
ξ
κ
N
ϑ
ν
φ
λ
ι
ψ2
ψ3
τ2
δ
66
7293
ω2
98
88
99
89
101
86
WASSERMANN

Das Sternbild **WASSERSCHLANGE** (lateinisch Hydra, Abk. Hya) kulminiert von Februar bis April gegen 24 Uhr. Es grenzt im Norden an die Waage, die Jungfrau, den Raben, den Becher, den Sextanten, den Löwen und den Krebs, im Westen an das Einhorn und das Hinterdeck, im Süden an den Kompaß, die Luftpumpe und den Zentaur sowie im Osten an die Waage. Das Sternbild ist nördlich von 54 Grad und südlich von –83 Grad geografischer Breite nicht vollständig sichtbar.
Mit einer Fläche von 1303 Quadratgrad steht es in der nach Größe sortierten Liste der Sternbilder auf Platz 1.

★ hellster Stern: α Hya – Alphard ($2{,}0^m$, 177 LJ entfernt)
★ bekannter Doppelstern: 27 Hya ($3{,}4^m/6{,}9^m$, Distanz 211 Bogensekunden
★ hellster Nebel: M 48 – offener Sternhaufen mit etwa 50 Sternen der 9. bis 13. Größenklasse

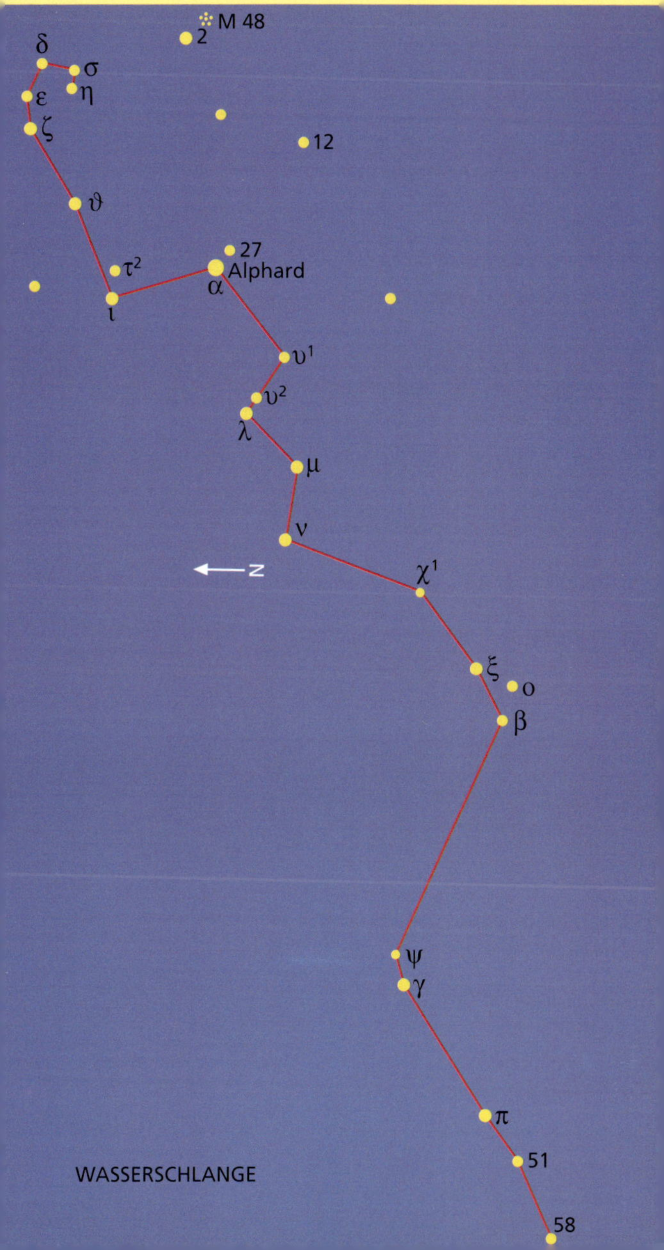
M 48
2
δ
σ
ε
η
ζ
12
ϑ
27
τ²
Alphard
α
ι
υ¹
υ²
λ
μ
ν
N
χ¹
ξ
ο
β
ψ
γ
π
51
58
WASSERSCHLANGE

Das Sternbild **WIDDER** (lateinisch Aries, Abk. Ari) kulminiert im Oktober/November gegen 24 Uhr.
Es grenzt im Norden an den Perseus und das Dreieck, im Westen an die Fische, im Süden an den Walfisch sowie im Osten an den Stier. Das Sternbild ist nördlich von 80 Grad geografischer Breite zirkumpolar, jenseits von –60 Grad dagegen nicht mehr vollständig sichtbar.
Mit einer Fläche von 441 Quadratgrad steht es in der nach Größe sortierten Liste der Sternbilder auf Platz 39.

★ hellster Stern: α Ari – Hamal ($2{,}0^m$, 66 LJ entfernt)
★ bekannter Doppelstern: γ Ari ($4{,}6^m/4{,}6^m$, Distanz 1 Bogensekunde)

Das Sternbild **ZWILLINGE** (lateinisch Gemini, Abk. Gem) kulminiert im Januar gegen 24 Uhr.
Es grenzt im Norden an den Luchs und den Fuhrmann, im Westen an den Stier und den Orion, im Süden an das Einhorn und den Kleinen Hund sowie im Osten an den Krebs. Das Sternbild ist nördlich von 80 Grad geografischer Breite zirkumpolar, jenseits von –55 Grad dagegen nicht mehr vollständig sichtbar.
Mit einer Fläche von 514 Quadratgrad steht es in der nach Größe sortierten Liste der Sternbilder auf Platz 30.

★ hellster Stern: β Gem – Pollux ($1{,}2^m$, 34 LJ entfernt)
★ bekannter Doppelstern: α Gem – Kastor ($1{,}9^m/3{,}0^m$, Distanz 3,1 Bogensekunden)
★ hellster Nebel: M 35 – offener Sternhaufen mit etwa 120 Sternen ab 8. Größe